Sílvio Fávaro
Osmir Kmeteuk Filho

Noções de Lógica
e Matemática Básica

Noções de Lógica e Matemática Básica
Copyright© Editora Ciência Moderna Ltda., 2005

Todos os direitos para a língua portuguesa reservados pela EDITORA CIÊNCIA MODERNA LTDA. De acordo com a Lei 9.610 de 19/2/1998, nenhuma parte deste livro poderá ser reproduzida, transmitida e gravada, por qualquer meio eletrônico, mecânico, por fotocópia e outros, sem a prévia autorização, por escrito, da Editora.

Editor: Paulo André P. Marques
Supervisão Editorial: João Luís Fortes
Capa: Antonio Carlos Ventura
Diagramação: Patricia Seabra
Revisão de Provas: Larissa Viana Câmara

Várias **Marcas Registradas** podem aparecer no decorrer deste livro. Mais do que simplesmente listar esses nomes e informar quem possui seus direitos de exploração, ou ainda imprimir os logotipos das mesmas, o editor declara estar utilizando tais nomes apenas para fins editoriais, em benefício exclusivo do dono da Marca Registrada, sem intenção de infringir as regras de sua utilização.

FICHA CATALOGRÁFICA

Kmeteuk Filho, Osmir & Fávaro, Sílvio
Noções de Lógica e Matemática Básica
Rio de Janeiro: Editora Ciência Moderna Ltda., 2005.

Matemática
I — Título

ISBN: 85-7393-440-9   Matemática   CDD 511

Editora Ciência Moderna Ltda.
R. Alice Figueiredo, 46 – Riachuelo
Rio de Janeiro, RJ – Brasil   CEP: 20.950-150
Tel: (21) 2201-6662/ Fax: (21) 2201-6896
http://www.lcm.com.br
lcm@lcm.com.br

Dedicatória
e Agradecimentos

Aos nossos pais

Às nossas esposas

A todos que contribuíram para a realização deste objetivo

Prefácio

Ao ser convidado para prefaciar o livro "Noções de Lógica e Matemática Básica" dos professores Osmir e Silvio fui surpreendido por um conjunto de sentimentos agradáveis: perplexidade, emoção, confiança, entusiasmo, felicidade, alívio e agradecimento.

Primeiramente, perplexo pelo convite para prefaciar um livro-texto para a disciplina de Matemática dos cursos de graduação em Administração, Ciências Contábeis, Economia, Gestão Ambiental e Sistemas de Informação. Tal perplexidade deriva do fato de compreendermos que a honra de prefaciar um livro, dentro da academia, geralmente, é concedida a um grande nome da área, pelas valiosas contribuições que têm oferecido à sua área de conhecimento. Situação esta que, ainda, estou buscando no espaço da instituição de educação superior. É, portanto, desta condição, que tenho o maior prazer em fazer algumas reflexões sobre a importância deste livro para a Ciência Administrativa, na qualidade de amigo e docente, que acompanha com carinho especial o crescimento acadêmico destes dois profissionais comprometidos com a formação dos estudantes destas áreas do conhecimento humano.

Emocionado, pois conheço os autores que, além de amigos compõem o corpo docente do Curso de Administração da Faculdade Kennedy de Campo Largo. Motivo pelo qual acompanho com especial atenção a construção de uma carreira acadêmica brilhante, séria e de qualidade. Juntos compartilhamos de uma grande preocupação, envolvimento e comprometimento com o processo de aprendizagem dos alunos.

Confiante, porque os professores Osmir e Silvio apresentam uma proposta realista para o estado atual de nossa educação superior, no qual tem recebido alunos, oriundos de um ensino médio bastante precário em termos de formação conteudista. É necessário, portanto, conhecer a realidade social para poder,

VI | *Noções de Lógica e Matemática Básica*

também, oferecer uma produção acadêmica que dê conta do conhecimento científico necessário, sem perder de vista quem são nossos alunos reais.

Entusiasmado, pela proposta inovadora do livro que, com certeza, vai oferecer grandes subsídios para o ensino da matemática, principalmente, nos cursos de Administração. Esta afirmação é necessária porque, diferentemente dos inúmeros livros de matemática, presentes no mercado editorial brasileiro, o livro dos professores Osmir e Silvio representa a realidade da sala de aula de nossas Instituições de Ensino Superior, as dificuldades do dia-a-dia enfrentada pelos professores no desenvolvimento de sua prática pedagógica.

Feliz, por ver que nosso projeto pedagógico, como Coordenador do Curso de Administração da Faculdade Kennedy, que contempla incentivo à publicação de livros-textos para serem adotados nas disciplinas do curso, em pouco mais de um ano, já rendeu quatro livros e deve render nos próximos dois anos, outros seis.

Aliviado, pois, pela primeira vez, consigo visualizar em um livro destinado à formação dos Administradores a preocupação em desenvolver nos alunos a habilidade e capacidade tão apregoada nos parâmetros curriculares para os Cursos de Administração, o raciocínio lógico. Tanto se fala nessa habilidade, mas efetivamente pouco se tem feito para incluir disciplinas que trabalhem tais habilidades e capacidades nos alunos. Por isso, é que, em muitos momentos, sua falta impossibilita o Administrador de disputar com outros profissionais, em especial, os Engenheiros, de melhores cargos profissionais. Que ironia! Engenheiros ensinando aos Administradores os fundamentos do raciocínio lógico. Acredito que a contribuição destes dois professores, engenheiros será fundamental para começarmos a inverter essa triste realidade, da impossibilidade dos Administradores disputarem em igualdade de condições cargos até então destinados quase que, exclusivamente, aos Engenheiros.

Agradecido, pelo honroso convite para prefaciar este livro que promete ser um marco importante dentro da literatura acadêmica, no que se refere aos conhecimentos necessários para o ensino de qualidade da matemática para os Cursos de Administração.

A formação acadêmica em Cursos de Engenharia, e a atuação profissional em grandes empresas, nas áreas de tecnologia, já habilitaria os autores do livro para a atuação

Prefácio | VII

competente como docente nos cursos de Administração e a publicação de livros na área de conhecimento da Ciência Administrativa. Entretanto, o fato que realmente os habilita para a atuação de qualidade no magistério é a preocupação, o compromisso, o envolvimento e o comprometimento com o processo de aprendizagem dos alunos. Isso pode ser evidenciado pela preocupação constante em refletir sobre sua prática pedagógica no dia-a-dia da sala de aula, uma preocupação constante em melhorar permanentemente sua docência e o modo de construir com os alunos os conhecimentos necessários para sua formação. Soma-se a isso, a experiência do professor Osmir na publicação de livros, esse é seu terceiro livro na área de conhecimento da Ciência Administrativa. Já para o professor Sílvio, esse momento especial, representa a primeira experiência de tantas ainda por vir. Felizmente, para os docentes da educação superior em Administração esse é apenas o início de uma carreira acadêmica que será repleta de realizações, sucesso e muitos livros a serem publicados.

Há vários anos desenvolvo pesquisas sobre a formação de professores e meus questionamentos recaem sobre a falta de preparação pedagógica dos docentes, a falta da pesquisa como instrumento de construção do conhecimento, a falta da reflexão sobre a prática docente em sala de aula, o fato de o professor ser um mero reprodutor de conhecimento alheio e, por conseguinte, um mero "dador de aulas". Acreditamos que o docente exerce papel estratégico no processo de aprendizagem dos alunos, motivo pelo qual esse profissional deve ser um eterno aprendiz, sempre aprendendo para melhor ensinar seus alunos. Isso será possível no momento em que o professor passar a utilizar-se da pesquisa, refletir sobre sua prática para melhora-la, continuamente, e produzir conhecimento a partir do conhecimento já existente. Portanto, o ser docente é isso, é refletir sobre sua prática pedagógica em sala de aula e produzir com os alunos os conhecimentos necessários à prática profissional de qualidade. E isso os professores Osmir e Silvio o fizeram e o fazem continuamente com maestria, denotando, dessa forma, o amadurecimento acadêmico.

Este livro, pioneiro e inovador em sua abordagem, representa uma grande contribuição para o ensino de qualidade da matemática e do raciocínio lógico nos cursos de Administração. Por isso, uma leitura obrigatória para os docentes que se preocupam

VIII | *Noções de Lógica e Matemática Básica*

com uma sólida formação profissional de seus alunos.

Fica aqui o convite para os professores que ministram a disciplina de Matemática para os Cursos de graduação em Administração e, também, para os coordenadores dos referidos cursos adentrarem aos conhecimentos produzidos pelos professores Osmir e Silvio, e junto com seus alunos construírem seu próprio conhecimento.

Campo Largo, 27 de junho de 2005.

Alexandre Shigunov Neto
Coordenador do Curso de Administração da
Faculdade Kennedy e autor de livros nas áreas
da Ciência Administrativa, do Turismo e da
Educação.

Apresentação

Este livro surgiu da necessidade premente de tratar a matemática de uma forma mais simples, visando ao melhor entendimento e acompanhamento do aluno. Nestes anos que estamos lecionando esta disciplina, notamos uma grande dificuldade por parte dos alunos para obter um aproveitamento satisfatório no que tange aos temas ligados à matemática. Esta falta de base deve-se, em grande parte, ao insuficiente preparo em Matemática Fundamental com que os alunos chegam ao curso superior. Além disso, muitos retornam aos estudos após um longo período longe dos livros, o que, naturalmente, faz com que esqueçam conteúdos e não acompanhem de forma razoável as aulas.

Dentro deste contexto encontra-se a idéia deste livro, o qual tem por objetivo principal o tratamento da matemática desde as suas regras básicas até a sua aplicação prática nas áreas de Administração, Economia e Ciências Contábeis. O desenvolvimento dos conteúdos é crescente, ou seja, parte do básico e, passo a passo, trata os conteúdos necessários para a compreensão do complexo. Devido à necessidade de possibilitar uma leitura acessível por parte dos nossos alunos, os quais geralmente evitam os livros devido à grande dificuldade que encontram em interpretar a linguagem utilizada, o conteúdo foi abordado sem o rigor e o formalismo matemático que usualmente é adotado nos demais livros.

O livro apresenta uma grande quantidade de exercícios, cada qual com seus objetivos. Os exercícios propostos em cada capítulo visam a ajudar o aluno a compreender e complementar a teoria estudada. Já a série de exercícios de aprofundamento busca colocar o aluno frente a frente a problemas práticos, fazendo com que este saiba selecionar as devidas teorias para a solução dos respectivos problemas.

O diferencial do livro é a sua abordagem a Noções de Lógica. Além do próprio capítulo de lógica, os demais buscam desenvolver no aluno o seu raciocínio. Isto se deve a muitos fatores, dos quais destacam-se as necessidades dos profissionais das áreas administrativas, econômicas e contábeis estarem a todo o momento tomando decisões

X | *Noções de Lógica e Matemática Básica*

com base em números, tabelas e gráficos. Além disso, o teste da ANPAD (Associação Nacional de Pós-Graduação e Pesquisa em Administração), referência nacional no auxilio aos programas associados no processo de seleção de estudantes em nível de mestrado e de doutorado, cobram em suas provas questões de raciocínio lógico e quantitativo. A última série de exercícios, elaborada a partir dos últimos testes da ANPAD, tem o intuito de proporcionar um primeiro contato do aluno com as questões deste teste. Além disso, busca verificar quantitativamente a qualidade final dos seus estudos.

Com este livro, desejamos desenvolver no aluno a capacidade de análise, modelagem, resolução de problemas e lógica, utilizando a matemática como ferramenta. Todas as críticas e sugestões serão muito bem vindas para o devido aperfeiçoamento dos temas abordados, o que nos ajudará a buscar uma melhora contínua no processo de aprendizagem dos nossos alunos.

Curitiba, novembro de 2004.

Sumário

Prefácio VII

Apresentação XI

Capítulo 1 - Noções Básicas de Matemática 1

Operações Básicas e Regras de Sinais.. 1

    Adição 2

    Subtração.. 3

    Multiplicação e Divisão 4

Exercícios 4

Cuidados com relação à Operação de Divisão 5

Propriedades das Operações... 6

Adição e Multiplicação 6

Propriedades da Relação de Igualdade (entre números)..................... 7

    Potenciação 8

Radiciação 9

    Propriedades 9

    Radicando Negativo.. 9

Exercícios 10

Resolução de 11

Expressões Numéricas 11

Exercícios 12

Operações com Frações 12

    Adição / Subtração 12

    Multiplicação 13

    Divisão 13

    Potenciação / Radiciação: 13

XII | *Noções de Lógica e Matemática Básica*

Exercícios 14
Valor Numérico de Expressões Algébricas 14
Exercícios 15
Resolução de Equações do 1°. grau 15
Exercícios 16
Equações do 2°. Grau 16
Equações do 2°. Grau incompletas 18
Exercícios 19
Sistemas de duas Equações do 1°. Grau com duas Incógnitas 19
    Método de Adição: 19
    Método da Substituição: 20
Exercícios 21
Operações com Expressões Algébricas 22
Exercícios 22
Produtos Notáveis 23
Exercícios 23
Fatoração 24
Exercícios 25
Aplicações Práticas – Exercícios 26
Complementares 26

Capítulo 2 - Noções de Lógica Proposicional 31
    Introdução 31
    Definição de Lógica 31
    Proposições Lógicas 32
    Exercícios 35
    Elementos Conectivos 36
        Conjunção 36
        Disjunção 37
        Negação 38
        Condicional 39
        Bi-condicional 40
    Exercícios 42
    Polinômios de Boole 43
    Exercícios 46

Tautologias e Contradições 47

Exercícios 48

Equivalência Lógica 49

Exercícios 50

Capítulo 3 - Noções sobre a Teoria Geral dos Conjuntos 51

Conceitos Iniciais 51

Convenções 52

Notação de Conjuntos 52

Tipos Especiais de Conjuntos 54

Conjunto Unitário 54

Conjunto Vazio 54

Conjunto Universo 54

Conjunto Disjunto 55

Conjunto Finito / Conjunto Infinito 56

Subconjunto 56

Simbologia 56

Igualdade entre Conjuntos 57

Exercícios 58

Operações entre Conjuntos 61

União ou Reunião 62

Interseção 64

Diferença 65

Complemento 66

Diagrama de Veen no Estudo de Conjuntos 68

Exercícios 70

Conjuntos Numéricos 72

História Primitiva das 72

Noções de Número e Contagem 72

História da Inversão do Algarismo 73

História dos Números Naturais 74

Conjunto dos Números Naturais 75

Conjunto dos Números Inteiros 75

Conjunto dos Números Racionais 77

Conjunto dos Números Racionais 78

XIV | *Noções de Lógica e Matemática Básica*

Conjunto dos Números Reais 78

Exercícios 79

Intervalos Numéricos 81

Exercícios 84

Produto Cartesiano 85

Plano Cartesiano 86

Exercícios 88

Relações Numéricas 88

Exercícios 90

Aplicações Práticas 90

Capítulo 4 - Noções Básicas de Probabilidade 93

Experimento Aleatório 93

Espaço Amostral 94

Evento 94

Eventos Mutuamente Exclusivos 95

Definição de Probabilidade 95

Probabilidades Finitas dos Espaços Amostrais Finitos 95

Espaços Amostrais Finitos Equiprováveis 96

Probabilidade Condicional 99

Teorema da Soma 100

Teorema do Produto 101

Capítulo 5 - Conceito de Função 103

Exercícios 107

Função Constante 109

Função Afim ou do 1º Grau 109

Gráfico de uma Função do 1º Grau 110

Função Definida por mais de uma Sentença 112

Raiz ou Zero da Função do 1º grau 113

Função Crescente e Função Decrescente 114

Variação do Sinal da Função do 1º Grau 115

Função Linear 119

Determinação da Equação da Reta 119

Aplicação Prática 120

Exercícios 121

Função do 2º Grau 130

    Gráfico de uma Função do 2º Grau 131

    Pontos Notáveis da Parábola 134

    Máximo e Mínimo de uma Função do 2º Grau 137

    Valor Mínimo de uma 138

    Função do 2º Grau 138

    Aplicação Prática 138

Exercícios 139

Função Exponencial 143

    Obtenção do seu Gráfico 143

    Propriedades da Função Exponencial 144

Função Logarítmica 145

    Propriedades dos Logaritmos 146

Capítulo 6 - Aplicações Práticas 147

    Demanda ou Procura de Mercado 147

    Oferta de Mercado 149

    Preço de equilíbrio e Quantidade de Equilíbrio 150

    Receita Total 152

    Custo Total 153

    Lucro Total 153

    Exercícios 160

Exercícios da ANPAD 165

Exercícios de Aprofundamento 181

Referências Bibliográficas 205

Capítulo 1

Noções Básicas
de Matemática

Nesse capítulo, será feita uma breve revisão de conceitos fundamentais de matemática, necessários para o curso. Se o leitor já possui essas noções básicas, pode optar por uma leitura rápida ou por avançar para os capítulos seguintes.

Operações Básicas
e Regras de Sinais

Um dos pontos fundamentais para se obter sucesso nas disciplinas que necessitam de conceitos matemáticos básicos é a habilidade de realizar operações com números positivos e negativos. Em várias situações da vida real o leitor se depara com essa necessidade. Por exemplo, se uma pessoa possui uma dívida de R$ 20,00 e mais uma outra de R$ 60,00, então ela tem uma dívida total que é a soma das duas. Matematicamente (-20) + (-60) = -80. Em outro exemplo, uma pessoa tem um crédito a receber de R$ 100,00 , porém ela deve R$ 40,00 o seu saldo é então 100 + (-40) = 60. Os sinais de + e – são geralmente antepostos à frente de um valor para indicar respectivamente um crédito ou dívida, entrada ou saída de caixa, ...

Outro modo de se referenciar aos números é através de uma representação gráfica dos mesmos como pontos de uma reta. A posição de um número na reta depende da sua distância em relação à origem ou referência. Assim sendo, quando maior o valor numérico, mais afastado o ponto que o representa estará. Dá-se o nome de módulo ou valor absoluto a essa distância. Por outro lado, os sinais " + " e " - " são utilizados para se indicar um sentido em relação à referência. Por convenção, usualmente os números positivos são representados à direita do valor 0 (zero), tido como referência; já os números negativos são representados à esquerda do 0 (zero). Observe-se que o sinal serve como uma referência de direção para essa representação. Por exemplo:

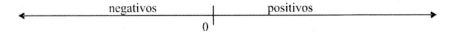

As operações básicas da aritmética envolvendo números positivos e negativos e suas regras básicas são sumarizadas a seguir.

Adição

A operação de adição segue as seguintes regras de sinal:

(+) + (+) = somam-se os números e o sinal (+);
(–) + (–) = somam-se os números e o sinal (–);
(–) + (+) = subtraem-se os números e o sinal será o do maior número;
(+) + (–) = subtraem-se os números e o sinal será o do maior número.

Quando os números têm o mesmo sinal basta conservá-lo e adicionar os números; quando os sinais são contrários subtraem o maior do menor, e o sinal que prevalece é o do maior. É bom lembrar também que o sinal mais (+) antes de um parêntese não vai alterar o sinal do número que está entre parênteses, ocorrendo o oposto quando o sinal antes do parêntese for o de (–). Se não houver nenhum sinal antes do parêntese estará implícito que o sinal será o de mais (+).

Exemplos:

    a) $(+10) + (+2) = +10 + 2 = +12$

    b) $(+10) + (-2) = +10 - 2 = +8$

    c) $(-10) + (+2) = -10 + 2 = -8$

    d) $(-10) + (-2) = -10 - 2 = -12$

Quando se somam mais de dois números relativos, o resultado é obtido somando o primeiro com o segundo, o resultado obtido com o terceiro, e assim por diante até a última parcela.

Exemplo:

$$(+5) + (-3) + (-7) + (+3) + (+4)=$$
$$= (+2) + (-7) + (+3) + (+4)=$$
$$= (-5) + (+3) + (+4)=$$
$$= (-2) + (+4)= 2$$

Subtração

A operação de subtração segue as seguintes regras de sinal:

$(+) - (-)$ = somam-se os números e o sinal $(+)$.

$(-) - (+)$ = somam-se os números e o sinal $(-)$.

Cumpre observar que o sinal de menos $(-)$ antes de um parêntese troca o sinal do número que está entre parênteses e, no mais, procede-se como na operação anterior.

Exemplos:

    a) $(+10) - (+2) = +10 - 2 = +8$

    b) $(+10) - (-2) = +10 + 2 = +12$

    c) $(-10) - (+2) = -10 - 2 = -12$

    d) $(-10) - (-2) = -10 + 2 = -8$

Multiplicação e Divisão

Para as operações de multiplicação e divisão que virão logo a seguir vale a seguinte regra: "Números de mesmo sinal produzem sempre resultado positivo, enquanto que os de sinais contrários conduzem sempre a resultados negativos".

$(+).(+) = (+)$ $(-).(+) = (-)$

$(+).(-) = (-)$ $(-).(-) = (+)$

$(+)/(+) = (+)$ $(-)/(+) = (-)$

$(+)/(-) = (-)$ $(-)/(-) = (+)$

Exemplos:

a) $(+10) \times (+2) = +20$ e) $(+10) \div (+2) = +5$

b) $(+10) \times (-2) = -20$ f) $(+10) \div (-2) = -5$

c) $(-10) \times (+2) = -20$ g) $(-10) \div (+2) = -5$

d) $(-10) \times (-2) = +20$ h) $(-10) \div (-2) = +5$

Exercícios

Calcule as expressões abaixo:

a) $(+5) + (+2) =$ j) $(-5) + (3) + (+7) - (+3) + (+4) =$

b) $(+3) + (-1) =$ k) $(+3) \times (+2) =$

c) $(-8) + (+4) =$ l) $(+11) \times (-2) =$

d) $(-4) + (-2) =$ m) $(-5) \times (+3) =$

e) $(+5) - (+2) =$ n) $(-1) \times (-3) =$

f) $(+5) - (-3) =$ o) $(+10) \div (+2) =$

g) $(-1) - (+4) =$ p) $(+4) \div (-2) =$

h) $(-1) - (-2) =$ q) $(-20) \div (+2) =$

i) $(+15) + (-23) + (-17) + (+23) + (+5) =$ r) $(-10) \div (-5) =$

Capítulo 1 – Noções Básicas de Matemática | **5**

Resposta:

a) +7	g) -5	m) -15
b) +2	h) +1	n) +3
c) -4	i) +3	o) +5
d) -6	j) +6	p) -2
e) +3	k) +6	q) -10
f) +8	l) -22	r) +2

Cuidados com Relação à Operação de Divisão

Freqüentemente o leitor se depara com situações um tanto inusitadas referentes a operação de divisão. É importante lembrar que a operação de divisão é a operação inversa da multiplicação. Portanto,

$$\frac{6}{2} = 3 \quad pois \quad 3.2 = 6$$

$$\frac{0}{2} = 0 \quad pois \quad 0.2 = 0$$

$$\frac{6}{0} = nenhum\ número \quad pois \quad nenhum\ número.0 = 6$$

$$\frac{0}{0} = qualquer\ número \quad pois \quad qualquer\ número.0 = 0$$

Sendo o primeiro valor ≠ de 0 (zero), "NÃO EXISTE DIVISÃO POR ZERO"

Já a operação $\frac{0}{0}$ é uma Indeterminação.

6 | *Noções de Lógica e Matemática Básica*

Propriedades das Operações
Adição e Multiplicação

Na manipulação algébrica de expressões numéricas e algébricas , é importante ressaltar algumas propriedades fundamentais com relação às operações de adição e multiplicação:

a) Comutativa (comutar significa trocar):

$a + b = b + a$, (a ordem das parcelas não altera a soma)

$a . b = b . a$,   (a ordem dos fatores não altera o produto)

Exemplo:

$1 + 2 = 2 + 1 = 3$ $1 . 5 = 5 . 1 = 5$

b) Associativa:

$(a + b) + c = a + (b + c) = (a + c) + b,$

$(a . b). c = a .(b . c) = (a .c). b$
a

Exemplo:

$(2 + 3) + 5 = 2 + (3 + 5) = (2 + 5) + 3 = 10$

$(2 . 5) . 3 = 2 . (5 . 3) = (2 . 3) . 5 = 30$

c) Elemento Neutro:

O elemento neutro da adição é o número zero (0):

$a + 0 = a$ e $0 + a = a$, para todo e qualquer número

O elemento neutro da multiplicação é o número um (1):

$a . 1 = a$ e $1 . a = a$, para todo e qualquer número

Exemplo:

$7 + 0 = 0 + 7 = 7$

$15 . 1 = 1 . 15 = 15$

d) Propriedade Distributiva da multiplicação sobre a adição:

Essa propriedade permite que se distribua a operação de multiplicação sobre uma soma de duas ou mais parcelas.

$c .(a + b) = c. a + c. b$ e $c. a + c. b = (a + b)$

Exemplo:

2. (3 + 4) = 2 . 3 + 2 . 4

2 . 7 = 6 + 8

14 = 14

Propriedades da Relação de Igualdade (entre Números)

Com relação a igualdade entre expressões e valores numéricos é importante destacar as seguintes propriedades:

1ª Propriedade: Reflexiva – qualquer número se relaciona com ele mesmo através da relação de igualdade (=). Todo número é igual a si próprio.

$a = a$, para todo e qualquer número a

2ª Propriedade: Simétrica – se um número se relaciona com outro através da relação de igualdade (=), então a recíproca é também verdadeira. Se " a " é igual a " b ", então " b " é igual a " a ".

$a = b \Leftrightarrow b = a$, para todos e quaisquer números a e b

3ª Propriedade: Transitiva – se um número se relaciona com outro através da relação de igualdade (=) e este outro com um terceiro, então o primeiro se relaciona com o terceiro através da igualdade (=);

$$\left. \begin{array}{l} a = b \\ b = c \end{array} \right\} \Rightarrow a = c, \text{ para todos e quaisquer números } a, b \text{ e } c$$

Qualquer relação numérica que apresente essas três propriedades é dita relação de equivalência.

Noções de Lógica e Matemática Básica

Potenciação

A potenciação é definida da seguinte forma:

$$a^n = \underbrace{a \cdot a \cdot a \cdots a}_{\substack{n\ fatores \\ ou\ n\ vezes}} \qquad \text{exemplo,} \qquad 2^4 = 2.2.2.2 = 16$$

Chama-se o número "a" de base e o número "n" de expoente (número de vezes que a base é multiplicada).

Quando a base "a" é negativa $\begin{cases} e\ o\ expoente\ é\ par \Rightarrow resultado\ é\ positivo \\ e\ o\ expoente\ é\ impar \Rightarrow resultado\ é\ negativo \end{cases}$

Se a base "a" é positiva independente do expoente ser par ou ímpar o resultado é sempre positivo.

Propriedades:

1ª. $a^m . a^n = a^{(m+n)}$ Exemplo: $2^7 . 2^4 = 2^{11}$

2ª. $a^m \div a^n = a^{(m-n)}$ Exemplo: $3^5 . 3^2 = 3^3$

3ª. $(a . b)^n = a^n . b^n$ Exemplo: $(2.3)^5 = 2^5 . 3^5$

4ª. $(a \div b)^n = a^n \div b^n$ Exemplo: $\left(\dfrac{3}{7}\right)^2 = \dfrac{3^2}{7^2} = \dfrac{9}{49}$

5ª. $(a^m)^n = a^{(m.n)}$ Exemplo: $\left(2^3\right)^2 = 2^6$

Expoente um (1): Qualquer base elevada ao expoente 1 é igual à própria base.

Exemplos: $3^1 = 3$, $4^1 = 4$, $0^1 = 0$, $\left(\dfrac{1}{12}\right)^1 = \dfrac{1}{12}$

Expoente zero (0): Qualquer base elevada ao expoente 0 é <u>sempre</u> igual a 1.

Exemplos: $2^0 = 1$, $-1^0 = 1$, $\left(\dfrac{3}{5}\right)^0 = 1$

Capítulo 1 – *Noções Básicas de Matemática* | **9**

Expoente negativo: Para se calcular seu valor inverte-se a base e considera o expoente positivo.

Exemplos: $\left(\dfrac{2}{5}\right)^{-2} = \left(\dfrac{5}{2}\right)^{2}$, $3^{-7} = \left(\dfrac{1}{3}\right)^{7}$, $\left(\dfrac{1}{5}\right)^{-5} = 5^{5}$

Expoente racional (fracionário): Indica de modo alternativo a operação de radiciação.

Exemplos: $4^{\frac{2}{3}} = \sqrt[3]{4^{2}}$, $7^{\frac{1}{2}} = \sqrt{7}$

Radiciação

A raiz n-ésima de um número "b" é um número "a" tal que $a^{n} = b$. Portanto a radiciação é a operação inversa a potenciação.

$\sqrt[n]{b} = a \Rightarrow a^{n} = b$ $\sqrt[3]{8} = 2$, onde 3 é o índice, 8 é o radicando e 2 é a raiz.

Propriedades

$1^{a}.\ \sqrt[m]{a^{n}} = \sqrt[m \div p]{a^{n \div p}}$ Exemplo: $\sqrt[15]{3^{10}} = \sqrt[15 \div 5]{3^{10 \div 5}} = \sqrt[3]{3^{2}}$

$2^{a}.\ \sqrt[n]{a.b} = \sqrt[n]{a}.\sqrt[n]{b}$ Exemplo: $\sqrt[3]{4.8} = \sqrt[3]{4}.\sqrt[3]{8} = 2.\sqrt[3]{4}$

$3^{a}.\ \sqrt[n]{a \div b} = \sqrt[n]{a} \div \sqrt[n]{b}$ Exemplo: $\sqrt[4]{\dfrac{2}{5}} = \dfrac{\sqrt[4]{2}}{\sqrt[4]{5}}$

$4^{a}.\ \left(\sqrt[m]{a}\right)^{n} = \sqrt[m]{a^{n}}$ Exemplo: $\left(\sqrt[3]{8}\right)^{2} = \sqrt[3]{8^{2}} = \sqrt[3]{64}$

$5^{a}.\ \sqrt[m]{\sqrt[n]{a}} = \sqrt[m.n]{a}$ Exemplo: $\sqrt[3]{\sqrt[4]{5}} = \sqrt[12]{5}$

Radicando Negativo

$\sqrt[3]{-8} = -2$, pois $-2^{3} = (-2).(-2).(-2) = -8$

$\sqrt[4]{-16} = nenhum \quad número \quad real$ pois $(nenhum \, real)^{4} = -16$

Noções de Lógica e Matemática Básica

Portanto não existe um número pertencente ao conjunto dos Reais que seja a raiz de número negativo, se o índice da raiz for um número par. Nesse caso a solução só existe considerando o conjunto dos números complexos.

Exercícios

1. Calcule o valor de:

a) $2^2 =$

b) $4^2 =$

c) $1^5 =$

d) $1^{100} =$

e) $(-3)^2 =$

f) $(-2)^3 =$

g) $\left(\dfrac{2}{3}\right)^2 =$

h) $\left(-\dfrac{1}{3}\right)^3 =$

i) $(0)^8 =$

Respostas:

a) 4

b) 16

c) 1

d) 1

e) 9

f) -8

g) 4/9

h) -1/27

i) 0

2. Calcule o valor de:

a) $\sqrt{25} =$

b) $\sqrt{4^2} =$

c) $\sqrt[3]{-1} =$

d) $\sqrt{81} =$

e) $\sqrt[4]{16} =$

f) $\sqrt[3]{8} =$

g) $\sqrt{\dfrac{9}{16}} =$

h) $\sqrt[3]{-\dfrac{1}{125}} =$

i) $\sqrt{0} =$

Respostas:

a) ±5

b) ±2

c) -1

d) ±9

e) ±2

f) 2

g) ±3/4

h) -1/5

i) 0

Capítulo 1 – Noções Básicas de Matemática | 11

3. Resolva as expressões abaixo, utilizando as propriedades anteriormente expostas:

a) $2^3.2^4 =$

b) $3^2.3^{-2} =$

c) $2^3 \div 2^2 =$

d) $(-1)^{-3} \div (5)^0 =$

e) $4^{-2} =$

f) $(2^3)^{-1} =$

g) $(2.5)^2 =$

h) $\dfrac{2^3.2^4}{2^2 \div 2} =$

i) $\sqrt{4.9}$

j) $\sqrt{25 \div 49} =$

k) $\left(\sqrt{16}\right)^{-3} =$

l) $\sqrt{\sqrt{81}} =$

Respostas:

a) 128

b) 1

c) 2

d) −1

e) 1/16

f) 1/8

g) 100

h) 64

i) ±6

j) 5/7

k) ±1/64

l) ±3

Resolução de Expressões Numéricas

As expressões numéricas são expressões que envolvem as operações aritméticas básicas e elementos que definem preferências na realização das operações. Elas são resolvidas respeitando-se basicamente as duas regras a seguir:

a) Observando-se a precedência imposta pelos elementos delimitadores de uma expressão " ( ) " , " [ ]" e "{ }". A prioridade na resolução de uma expressão é 1º os ( ) e 2º [ ] e 3º { }.

b) Quando não existirem esses elementos de precedência, ou quando em parte da expressão houver dúvida na ordem de qual operação aritmética deve ser realiza primeiramente, a seguinte ordem deve ser respeitada 1º. Radiciação ou Potenciação, 2º. Multiplicação ou Divisão e 3º. Adição ou Subtração.

Exemplo:

a)
$$12 + [35 - (10 + 2) + 2] =$$
$$= 12 + [35 - 12 + 2] =$$
$$= 12 + 25 = 37$$

b)
$$[(18 + 3 \times 2) \div 8 + 5 \times 3] \div 6 =$$
$$= [(18 + 6) \div 8 + 15] \div 6 =$$
$$= [24 \div 8 + 15] \div 6 =$$
$$= [3 + 15] \div 6 =$$
$$= 18 \div 6 = 3$$

12 | *Noções de Lógica e Matemática Básica*

Exercícios

1. Resolva as expressões numéricas:

   a) $1 + \{5 + [(3-2) + (10-8)] + 2\} =$

   b) $[(1-2) + 6] - \{2 - 5 \times (3-2) + [1 - (2-5)]\} =$

   c) $\{-1 + [2 \times 3 - 1] + (3 - 4 + 1)\} - [4 - 2 \times 3 + (-5 - 2)] =$

   d) $-8 + \{-5 + [(8 - 12) + (13 + 12)] - 10\} =$

   e) $-5 + [48 - (31 - 10) + 3] =$

   f) $3 - \{2 + (11 - 15) - [5 + (-3 + 1)] + 8\} =$

   g) $[-1 + (2^2 - 5 \times 6)] \div (-5 + 2) + 1 =$

   h) $[\sqrt{100} - (2^4 - 8) \times 2 - 24] \div [2^2 - (-3 + 2)] =$

   i) $\{[(8 \times 4 + 3) \div 7 + (3 + 15 \div 5) \times 3] \times 2 - (19 - 7) \div 6\} \times 2 + 12 =$

   Respostas:

a) 11	d) -2	g) 10
b) 4	e) 25	h) -6
c) 13	f) 0	i) 100

Operações com Frações

Adição / Subtração

Mesmo Denominador: Somam-se / Subtraem-se os numeradores e repete-se o denominador.

Exemplos:

$a) \quad \dfrac{1}{2} + \dfrac{4}{2} = \dfrac{1+4}{2} = \dfrac{5}{2}$ $\qquad b) \quad \dfrac{3}{2} - \dfrac{1}{2} = \dfrac{3-1}{2} = \dfrac{2}{2} = 1$

Capítulo 1 – Noções Básicas de Matemática | **13**

Denominadores Diferentes: Encontra-se o Mínimo Múltiplo Comum (MMC) entre os denominadores. Divide-se o MMC pelo denominador e multiplica-se o resultado pelo numerador. Isso é feito de modo que com isso têm-se frações com o mesmo denominador e aplica-se a regra anterior. Esse processo transforma as frações originais em frações equivalentes com mesmo denominador.

Exemplos:

$$a)\ \frac{1}{2}+\frac{2}{3}=\frac{1.3}{6}+\frac{2.2}{6}=\frac{3+4}{6}=\frac{7}{6} \qquad b)\frac{2}{3}-\frac{1}{5}=\frac{2.5}{15}-\frac{1.3}{15}=\frac{10-3}{15}=\frac{7}{15}$$

Multiplicação

Multiplicam-se separadamente numerador por numerador e denominador por denominador respectivamente.

Exemplos:

$$a)\frac{1}{2}\times\frac{3}{5}=\frac{1\times3}{2\times5}=\frac{3}{10} \qquad b)\frac{-1}{3}\times\frac{2}{5}=\frac{-1\times2}{3\times5}=-\frac{2}{15}$$

Divisão

Repete-se a 1ª fração e multiplica-se pelo **inverso** da 2ª fração:

Exemplos:

$$a)\ \frac{\dfrac{1}{2}}{\dfrac{3}{2}}=\frac{1}{2}\times\frac{2}{3}=\frac{1\times2}{2\times3}=\frac{2}{6}=\frac{1}{3} \qquad b)\frac{\dfrac{2}{5}}{\dfrac{4}{3}}=\frac{2}{5}\times\frac{3}{4}=\frac{2\times3}{5\times4}=\frac{6}{20}=\frac{3}{10}$$

Potenciação / Radiciação:

Aplica-se a operação separadamente ao numerador e ao denominador.

Exemplos:

$$a)\left(\frac{1}{2}\right)^2=\frac{(1)^2}{(2)^2}=\frac{1}{4} \qquad b)\sqrt{\frac{9}{16}}=\frac{\sqrt{9}}{\sqrt{16}}=\frac{3}{4}$$

Exercícios

1. Resolva as expressões abaixo:

a) $\left[\left(\dfrac{1}{2}\times\dfrac{1}{3}\right)+\dfrac{4}{6}\right]=$

d) $\left(\dfrac{2}{5}\times\dfrac{5}{3}\right)\div\dfrac{2}{3}=$

b) $\left[\left(1+\dfrac{1}{2}\right)^{2}-2\right]=$

e) $\left(4-\dfrac{4}{5}\right)\div\left(9+\dfrac{1}{3}\right)=$

c) $\dfrac{1}{5}+\left\{\left[\dfrac{4}{9}\div\left(\dfrac{1}{2}\times\dfrac{2}{4}-\dfrac{1}{9}\right)\right]\right\}=$

f) $\left[\left(-2+\dfrac{1}{3}\right)^{2}+\dfrac{1}{9}\right]\div\left(-1-\dfrac{1}{3}\right)=$

Respostas:

a) 5/6   c) 17/5   e) 12/35

b) 1/4   d) 1   f) – 13/6

Valor Numérico
de Expressões Algébricas

Na solução de uma expressão algébrica, substitui-se o valor da variável na expressão e realizam-se as operações obedecendo-se as prioridades entre ( ), [ ], { } e operações, conforme anteriormente visto na solução de expressões numéricas.

Exemplo:

$$y = x^{3} - 2x + 1 \quad ; \quad x = -1$$
$$y = (-1)^{3} - 2.(-1) + 1$$
$$y = -1 + 2 + 1$$
$$y = 2$$

Capítulo 1 – Noções Básicas de Matemática | **15**

Exercícios

Substitua e resolva as expressões algébricas:

a) $y = x^5 - x^4 + 5$; $x = 1$

b) $y = \dfrac{x^5}{5} + \dfrac{x^4}{4} - 1$; $x = -1$

c) $y = -(x-1)^3 + (1-x)^2 + 1$; $x = -1$

d) $y = \dfrac{4x^3 - 2x + 1}{3x - 2}$; $x = -2$

e) $y = \dfrac{4}{3}(1 - x^3)^2 + \dfrac{1}{2}(x-1)^2$; $x = -\dfrac{1}{2}$

Respostas:

a) 5   c) 13   e) 45/16

b) -19/20   d) 27/8

Resolução de Equações do 1º. Grau

Metodologia: isola-se a incógnita por transposição dos números (mudança de um membro para o outro) e simultaneamente a inversão das operações por eles efetuadas. Resumindo: quando um valor muda de membro de uma equação, a operação que era executada no membro de origem é invertida.

$$\text{Adição} \quad \leftrightarrow \quad \text{Subtração}$$
$$\text{Multiplicação} \quad \leftrightarrow \quad \text{Divisão}$$
$$\text{Potenciação} \quad \leftrightarrow \quad \text{Radiciação}$$

Exemplos:

a) $x + 2 = 7 \Rightarrow x = 7 - 2 \Rightarrow x = 5$

b) $p - 1 = 0 \Rightarrow p = 0 + 1 \Rightarrow p = 1$

c) $-2x = 8 \Rightarrow x = \dfrac{8}{-2} \Rightarrow x = -4$

16 | *Noções de Lógica e Matemática Básica*

d) $\dfrac{x+2}{3} = 7 \quad \Rightarrow \quad x+2 = 7.3 \quad \Rightarrow x = 7.3 - 2 \quad \Rightarrow x = 21 - 2 \quad \Rightarrow x = 19$

e) $x^3 = 8 \quad \Rightarrow \quad x = \sqrt[3]{8} \quad \Rightarrow x = 2$

f) $\sqrt{x+2} = 4 \quad \Rightarrow \quad x+2 = 4^2 \quad \Rightarrow x = 4^2 - 2 \quad \Rightarrow x = 16 - 2 \quad \Rightarrow x = 14$

Exercícios

1. Resolva cada uma das equações:

a) $3x = 9$

b) $-2x = 18$

c) $4x + 1 = -27$

d) $\dfrac{3x}{4} = \dfrac{30}{5}$

e) $-\dfrac{x}{4} = \dfrac{3}{2}$

f) $10 + x = 9 - 2x$

g) $x.[1 + 2(3 - 1)] = 4x - 7$

h) $4 + [x - (2 + 1)^2 + 1] = 6 - x(1 - 2)^2$

i) $\dfrac{2x + 4}{9} = \dfrac{1}{6}$

j) $\dfrac{14 - 10x}{6} = \dfrac{8x - 20}{4}.$

Respostas:

a) 3

b) -9

c) -7

d) 8

e) -6

f) -1/3

g) -7

h) 5

i) -5/4

j) -2

Equações do 2º. Grau

Todas as equações na forma $a.x^2 + b.x + c = 0$, onde "a", "b" e "c" são números reais e com $a \neq 0$.

Chama-se de discriminante, ou simplesmente, delta das equações de 2º. Grau o número $\Delta = b^2 - 4.a.c$.

Condições de existência das raízes de uma equação do 2º. Grau:

- Se < 0 , então a equação **não tem raízes reais**.

Capítulo 1 – Noções Básicas de Matemática | 17

- Se = 0, então a equação tem **duas raízes reais e iguais**.
- Se > 0, então a equação tem **duas raízes reais e diferentes**.

Quando existirem raízes (2º. e 3º. Casos), as mesmas podem ser determinadas pela fórmula de Báscara:

$$x = \frac{-b \pm \sqrt{\Delta}}{2.a}$$

Exemplos:

a) $3.x^2 - x + 2 = 0$ $\begin{cases} a = 3 \\ b = -1 \\ c = 2 \end{cases}$ $\Delta = b^2 - 4.a.c$ $\therefore$ $\Delta = (-1)^2 - 4.3.2 = -23 \Rightarrow$ *Não existem raízes reais*

b) $x^2 - 4.x + 4 = 0$ $\begin{cases} a = 1 \\ b = -4 \\ c = 4 \end{cases}$ $\Delta = b^2 - 4.a.c$ $\therefore$ $\Delta = (-4)^2 - 4.1.4 = 0 \Rightarrow$ *Duas raízes reais e iguais*

$$x = \frac{-b \pm \sqrt{\Delta}}{2.a} \quad \therefore \quad x = \frac{-(-4) \pm \sqrt{0}}{2.1} \quad \therefore \quad x = \frac{4 \pm 0}{2} \Rightarrow \begin{cases} x' = \dfrac{4+0}{2} = \dfrac{4}{2} = 2 \\ x'' = \dfrac{4-0}{2} = \dfrac{4}{2} = 2 \end{cases}$$

c) $x^2 - 5.x + 6 = 0$ $\begin{cases} a = 1 \\ b = -5 \\ c = 6 \end{cases}$ $\Delta = b^2 - 4.a.c$ $\therefore$ $\Delta = (-5)^2 - 4.1.6 = 1 \Rightarrow$ *Duas raízes reais e diferentes*

$$x = \frac{-b \pm \sqrt{\Delta}}{2.a} \quad \therefore \quad x = \frac{-(-5) \pm \sqrt{1}}{2.1} \quad \therefore \quad x = \frac{5 \pm 1}{2} \Rightarrow \begin{cases} x' = \dfrac{5+1}{2} = \dfrac{6}{2} = 3 \\ x'' = \dfrac{5-1}{2} = \dfrac{4}{2} = 2 \end{cases}$$

Equações do
2º. Grau Incompletas

Existem equações do 2º. Grau que são incompletas, pois algum de seus coeficientes ($b\ e/ou\ c$) são nulos.

Caso 1: Coeficientes $b = 0$ e $c = 0$

$$a.x^2 = 0 \implies x^2 = \frac{0}{a} = 0 \quad \therefore \quad x^2 = 0 \quad \therefore x = \pm\sqrt{0} = 0 \implies \begin{cases} x' = 0 \\ x'' = 0 \end{cases}$$

Exemplo:

$$2.x^2 = 0 \implies x^2 = \frac{0}{2} = 0 \quad \therefore \quad x^2 = 0 \quad \therefore x = \pm\sqrt{0} = 0 \implies \begin{cases} x' = 0 \\ x'' = 0 \end{cases}$$

Caso 2: Coeficiente $b = 0$

$$a.x^2 + c = 0 \implies a.x^2 = -c \quad \therefore \quad x^2 = \frac{-c}{a} \quad \therefore \quad x = \pm\sqrt{\frac{-c}{a}} \implies \begin{cases} x' = +\sqrt{\dfrac{-c}{a}} \\ x'' = -\sqrt{\dfrac{-c}{a}} \end{cases}$$

Exemplo:

$$2.x^2 - 8 = 0 \implies 2.x^2 = +8 \quad \therefore \quad x^2 = \frac{8}{2} \quad \therefore \quad x = \pm\sqrt{\frac{8}{2}} \implies \begin{cases} x' = +\sqrt{4} = +2 \\ x'' = -\sqrt{4} = -2 \end{cases}$$

Caso 3: coeficiente $c = 0$

$$a.x^2 + b.x = 0 \implies x.(a.x + b) = 0 \quad \therefore \quad \begin{cases} x = 0 \\ a.x + b = 0 \end{cases} \implies \begin{cases} x' = 0 \\ x'' = \dfrac{-b}{a} \end{cases}$$

Capítulo 1 – Noções Básicas de Matemática | **19**

Exemplo:

$$2.x^2 + 6.x = 0 \implies x.(2.x+6) = 0 \quad \therefore \quad \begin{cases} x = 0 \\ 2.x+6 = 0 \end{cases} \implies \begin{cases} x' = 0 \\ x'' = \dfrac{-6}{2} = -3 \end{cases}$$

Exercícios

1. Resolva as equações:

a) $x^2 - 5x + 6 = 0$ f) $x^2 + x = -1$

b) $x^2 + 7x + 10 = 0$ g) $x^2 = -x$

c) $x^2 - 2x - 15 = 0$ h) $x^2 = 16$

d) $-x^2 + 10x - 21 = 0$ i) $3x^2 = 0$

e) $x^2 - 4x + 4 = 0$ j) $x^2 = 9$

Respostas:

a) 2 e 3   e) 2   i) 0

b) -2 e -5   f) Não existe,   j) ± 3

c) -3 e 5   g) 0 e -1

d) 3 e 7   h) ± 4

Sistemas de Duas Equações do 1º. Grau com Duas Incógnitas

Existem vários métodos de resolução deste tipo de sistema, entre os quais destacam-se os seguintes:

Método de Adição:

a) Soma-se às equações, membro a membro, desde que isso provoque a eliminação de uma das incógnitas e a resolução da outra.

$$\begin{cases} 3x + 2y = 2 \\ x - 2y = -6 \end{cases} \oplus \quad \therefore \quad x = \dfrac{-4}{4} = -1 \implies x = -1$$
$$\overline{\quad 4x \quad = -4}$$

20 | *Noções de Lógica e Matemática Básica*

Se x = -1, então, em qualquer das equações dadas (por exemplo, a primeira):

$$3.(-1) + 2.y = 2 \quad \Rightarrow \quad 2.y = 2 + 3 \quad \Rightarrow y = \frac{5}{2}$$

Logo a solução do sistema é o par ordenado $(-1, \frac{5}{2})$.

Somente nos interessa somar as equações se nelas houver termos que diferem pelo sinal, pois eles serão eliminados na soma. Caso contrário, escolhe-se uma incógnita e modifica-se a mesma de modo que a eliminação seja possível na soma entre elas.

b)
$$\begin{cases} 3.x + 4.y = 7 \\ 2.x - 6.y = 9 \end{cases} \xrightarrow{\text{tornando os coeficientes de x com sinais diferentes}} \begin{matrix} 2 \\ -3 \end{matrix} \begin{cases} 3x + 4y = 7 \\ 2x - 6y = 9 \end{cases}$$

$$\xrightarrow{\text{multiplicando}} \begin{cases} 6x + 8y = 14 \\ -6x + 18y = -27 \\ \hline 26y = -13 \end{cases} \quad y = \frac{-13}{26} \quad \Rightarrow \quad y = -\frac{1}{2}$$

Substituindo y por -1/2 em uma das equações dadas (por exemplo, a segunda):

$$2.x - 6.\left(-\frac{1}{2}\right) = 9 \quad \Rightarrow \quad 2.x + 3 = 9 \quad \Rightarrow \quad x = 3$$

Logo a solução do sistema: $\left(3, -\frac{1}{2}\right)$.

Método da Substituição:

Isola-se uma das incógnitas em uma das equações e substitui-se, na outra equação, essa incógnita pela expressão encontrada.

Exemplo:

$$\begin{cases} 2x + 3y = 1 \\ 4x - 2y = 0 \end{cases} \quad \Rightarrow \quad x = \frac{1 - 3y}{2}$$

$$4.\left(\frac{1 - 3y}{2}\right) - 2y = 0 \quad \Rightarrow \quad 2 - 6y - 2y = 0 \quad \Rightarrow \quad y = \frac{1}{4}$$

Capítulo 1 – Noções Básicas de Matemática | **21**

Substituindo esse valor em uma das duas equações (por exemplo, na segunda):

$$4x - 2.\left(\frac{1}{4}\right) = 0 \;\Rightarrow\; 4x - \frac{1}{2} = 0 \;\Rightarrow\; x = \frac{1}{8}$$

A solução é o par ordenado $\left(\dfrac{1}{8}\,,\;\dfrac{1}{4}\right)$.

Exercícios

1. Resolva os sistemas de equações do $1°$. Grau utilizando o método da adição:

a) $\begin{cases} x + y = 3 \\ -x + 3.y = 5 \end{cases}$
d) $\begin{cases} -2x + 3y = 5 \\ 3x - 4y = -7 \end{cases}$
g) $\begin{cases} x = 2 + y \\ x - 2y = 1 \end{cases}$

b) $\begin{cases} 2x + y = 3 \\ x - 3y = -2 \end{cases}$
e) $\begin{cases} -x + 2y = 2 \\ 3x + 5y = 5 \end{cases}$
h) $\begin{cases} x + 2y = 7 \\ 2x - 3y = -2 \end{cases}$

c) $\begin{cases} 10x + y = 11 \\ 5x - 3y = 2 \end{cases}$
f) $\begin{cases} x = 5 \\ x - 4y = 1 \end{cases}$

Respostas:

a) $(1,2)$ d) $(-1,1)$ g) $(3,1)$

b) $(1,1)$ e) $(0,1)$ h) $(17/7,\ 16/7)$

c) $(1,1)$ f) $(5,1)$

2. Resolva os sistemas de equações do $1°$. Grau utilizando o método da substituição:

a) $\begin{cases} 3x + y = 5 \\ -x + 3.y = 5 \end{cases}$
c) $\begin{cases} \dfrac{x}{3} + \dfrac{y}{4} = \dfrac{1}{6} \\ \dfrac{x}{2} + \dfrac{2.y}{4} = 0 \end{cases}$

b) $\begin{cases} \dfrac{x}{2} + \dfrac{y}{3} = 2 \\ 2.x + \dfrac{2.y}{2} = 7 \end{cases}$
d) $\begin{cases} x + \dfrac{y}{3} = -1 \\ 2.x + 3.y = 5 \end{cases}$

22 | *Noções de Lógica e Matemática Básica*

Respostas:

a) (1,2)   b) (2,3)   c) (2,-2)   d) (-2,3)

Operações com Expressões Algébricas

Consiste em operar as expressões algébricas a fim de reduzi-las através do agrupamento de monômios que possuem termos semelhantes. Um monômio é uma parcela de uma expressão que é composta de multiplicações de valores numéricos e literais.

Exemplo:

a)
$$4b + 3c - a + 4a - 3b - 2c =$$
$$= 4b - 3b - a + 4a + 3c - 2c =$$
$$= b + 3a - c$$

b)
$$5a^2b - 3c + 4d - 2d + 3c - 4a^2b =$$
$$= 5a^2b - 4a^2b - 3c + 3c + 4d - 2d =$$
$$= a^2b + 2d$$

Exercícios

1. Simplifique as expressões algébricas abaixo, reduzindo termos semelhantes:

a) $2.x^2y + 3xy - 2xy - x^2y^2 + 5x^2y - 5x + 3x - 3xy + 2x^2y^2 =$

b. $xy + 3x^2y - x^2 + 5xy - 5x^2 + 3xy - 2x^2y =$

c) $x^2y^2 + 3x^2y - x^2.y^2 - 2xy^2 - 5x^2y^2 + 3xy^2 - 2x^2y =$

d) $2 + 6x^2y - 2x^2 + 5x^2y - 3x^2 + 3 - 2x^2 =$

Respostas:

a) $x^2y^2 + 7x^2y - 2xy - 2x$

b) $x^2y - 6x^2 + 9xy$

c) $-5x^2y^2 + x^2y + xy^2$

d) $11x^2y - 7x^2 + 5$

Produtos Notáveis

Por serem mais usuais, algumas multiplicações de expressões algébricas podem ser efetuadas observando-se os seguintes modelos de utilização:

- **1º. Produto da soma pela diferença:**

$$(a+b).(a-b) = a^2 - b^2$$

Exemplo:

$$(x^3 - 3).(x^3 + 3) = (x^3)^2 - 3^2 = x^6 - 9$$

- **2º. Quadrado da soma:**

$$(a+b)^2 = a^2 + 2.a.b + b^2$$

Exemplo:

$$(2x+4)^2 = (2x)^2 + 2.(2x).(4) + 4^2 = 4x^2 + 16x + 16$$

- **3º. Quadrado da diferença:**

$$(a-b)^2 = a^2 - 2.a.b + b^2$$

Exemplo:

$$(3m-2n)^2 = (3m)^2 - 2.(3m).(2n) + (2n)^2 = 9m^2 - 12m.n + 4n^2$$

Exercícios

1. Desenvolva os produtos notáveis indicados:

a) $(x+1)^2 =$ e) $(4+x).(4-x) =$

b) $(2x+5)^2 =$ f) $(x-3y).(x+3y) =$

c) $(1-2y)^2 =$ g) $(5x-3).(5x+3) =$

d) $(x-1)^2 =$ h) $(x-y).(x+y) =$

Respostas:

a) $x^2 + 2x + 1$ d) $x^2 - 2x + 1$ g) $25x^2 - 9$

b) $4x^2 + 20x + 25$ e) $16 - x^2$ h) $x^2 - y^2$

c) $1 - 2y + y^2$ f)

Fatoração

Podem-se transformar polinômios em multiplicações de expressões mais simples, aplicando-se os casos de fatoração, entre os quais se destacam:

1º. Caso – Fator comum aos termos: pode ser colocado em evidência.

$$ax + bx = x.(a + b)$$

Exemplo:

$$4x^2 y + 6xy^2 - 2xy = 2.2.x.x.y + 2.3.x.y.y - 2.x.y = 2.x.y.(2x + 3y - 1)$$

2º. Caso – Diferença de dois quadrados: é o produto da soma pela diferença (primeiro produto notável apresentado).

$$a^2 - b^2 = (a + b).(a - b)$$

Exemplo:

$$\underset{(3x)^2}{9x^2} - \underset{(2)^2}{4} = (3x + 2).(3x - 2)$$

3º. Caso – Trinômio quadrado perfeito: é o quadrado de uma soma ou de uma diferença (2º. e 3º. produtos notáveis apresentados)

$$a^2 \pm 2.a.b + b^2 = (a \pm b)^2$$

Exemplo:

$$\underset{(x)^2}{x^2} \quad \underset{-2.(x).(5y)}{-10.x.y} \quad \underset{+(5y)^2}{+25y^2} \quad = \quad (x - 5y)^2$$

4º. Caso – Trinômio 2º. grau: é o primeiro membro de uma equação do 2º. Grau onde x' e x'' são as raízes da equação do 2º. Grau $a.x^2 + b.x + c = 0$.

$$a.x^2 + b.x + c = a.(x - x').(x - x'')$$

Exemplo:

$$2.x^2 - 4.x - 6 = a.(x - x').(x - x'')$$

$$2.x^2 - 4.x - 6 = 0 \qquad \begin{cases} a = 2 \\ b = -4 \\ c = -6 \end{cases}$$

$$\Delta = (-4)^2 - 4.2.(-6) = 64 \quad \Rightarrow \quad x = \frac{-(-4) \pm \sqrt{64}}{2.2} = \frac{4 \pm 8}{4} \begin{cases} x' = -1 \\ x'' = 3 \end{cases}$$

Logo, $2.x^2 - 4.x - 6 = 2.(x+1).(x-3)$

Exercícios

1. Fatore as expressões seguintes:

a) $x^4 - 3x^2$

f) $16y^2 - 4x^2$

b) $4x^2 - xy^2 + 3x$

g) $x^2 + 6x + 9$

c) $7xy + 21xz$

h) $x^2 + 2x + 1$

d) $x^2 - 16$

i) $x^2 - 8x + 16$

e) $36x^2 - 9$

j) $x^2 - 10x + 25$

Respostas:

a) $x^2.(x^2 - 3)$

e) $(6x+3).(6x-3)$

i) $(x-4)^2$

b) $x.(4.x - y^2 + 3)$

f) $(4y+2x).(4y-2x)$

j) $(x-5)^2$

c) $7x.(y + 3z)$

g) $(x+3)^2$

d) $(x+4).(x-4)$

h) $(x+1)^2$

Aplicações Práticas – Exercícios Complementares

Os exercícios a seguir foram incluídos a fim de se exercitar os conceitos anteriormente apresentados em problemas do cotidiano que necessitam da matemática elementar como ferramenta para a sua solução. O embasamento teórico necessário para a resolução dos mesmos pode ser encontrado no conteúdo anteriormente exposto.

1. O administrador de uma empresa de transportes deseja calcular o número de quilômetros por litro de gasolina que o carro da empresa faz. Com o hodômetro marcando 58.015,9km, ele completou o tanque do veículo. Após rodar alguns dias, novamente ele abasteceu o veículo completando o tanque com 45 litros. Ele verificou que o hodômetro registrava 58.474,2 km no segundo abastecimento. Quantos quilômetros por litro fizeram o carro?

   Resposta:

   cerca de 10,2 quilômetros por litro.

2. Um relatório do U.S. Geological Survey dá conta de que em 1975 os americanos usaram uma média de 6.048 litros de água por pessoa, por dia, incluindo o uso industrial. Uma revista garante que se produzem 189 bilhões de litros de água poluída no país por ano.

   a) Se a poluição dos EUA em 1975 era de aproximadamente 210 milhões de habitantes, como se relacionam essas quantidades?

   b) Os 189 bilhões de litros parecem-lhe um número razoável:

   Resposta:

   a) Com o consumo de 6.048 litros de água por pessoa, por dia, o consumo total do ano foi de $4,63 \times 10^{14}$ litros. Como, segundo a revista, o total de água poluída no ano foi de 189×10^9 litros, então aproximadamente 1 litro de cada 2450 era poluído. Esses 189 bilhões de litros de água poluída equivalem a 900 litros por pessoa, por ano.

   b) Provavelmente é muito baixa.

Capítulo 1 – Noções Básicas de Matemática | **27**

3. Uma sala comercial, de 9m por 18m, será transformado no escritório da sua empresa, construindo-se uma sala de reunião de 5,4m por 12,8m e pavimentando-se o restante com ladrilhos quadrados de 30cm de lado. Quantos ladrilhos serão necessários e que porcentagem da discoteca será ocupada pela sala de reunião?

Resposta:

1.032 e 42,6% (aproximadamente)

4. Sabe-se que é benéfico plantar alguns tipos de vegetais em canteiros retangulares em vez de uma longa fileira. O canteiro tem a vantagem de deixar o solo à sombra, mantendo-o úmido e reduzindo o crescimento de ervas daninhas. Quando se planta dessa maneira, observam-se espaçamentos iguais tanto no sentido da largura como no do comprimento do canteiro. Para tornar fácil a capinagem é melhor fazer com que os canteiros não tenham mais de 60cm de largura. O comprimento do canteiro pode então ser ajustado de modo a propiciar a produção desejada. Considere as seguintes informações referentes a pés de feijão:

- Distância entre as plantas: 10-15 centímetros;

- 0,5 kg de semente permitirá semear 30 metros lineares de fileiras;

- a expectativa de produção de 30 metros lineares de fileiras é de 25 kg de feijão.

   a) Quantos metros lineares de fileiras são necessários para uma expectativa de produção de 150 kg:

   b) Plantando-se feijoeiros em canteiros de 60cm de largura e com a menor distância possível entre eles, que comprimento deverá ter o canteiro para que sua produção seja de 150 kg?

   c) Quantos quilos de semente serão necessários para o plantio?

Respostas:

   a) 180m   b) Aproximadamente 25,7m   c) 3 kg

Noções de Lógica e Matemática Básica

5. João é aluno de uma universidade cujo ano letivo consta de 2 semestres de 16 semanas cada um. Sua previsão era de gastar 400 reais em despesas eventuais durante o ano letivo. Depois de três semanas de aulas verificou que já havia gastado 50 reais com esse item. Admitindo-se que ele continue a gastar a mesma taxa, o que ele previu para despesas eventuais será suficiente? Se não, depois de quanto tempo sua verba para esse item acabará e de quanto mais ele precisará para completar o ano letivo?

Resposta:

Não. Sua verba de 400 reais se esgotará ao fim de 24 semanas ou na metade do segundo semestre. Mantendo a mesma taxa de gastos, ele precisará de mais de 130 reais, aproximadamente (arredondamento de 133,13 dólares).

6. De acordo com informações reunidas pelo Bureau of Labor Statistics, em julho de 1975 havia nos EUA um total de 85,1 milhões de empregados, enquanto o número de desempregados era de 7,7 milhões.

a) Qual a taxa de desemprego?

b) Mantendo-se inalterado o volume de força de trabalho, quantos trabalhadores teriam de se empregar para que a taxa de desemprego caísse para 4%:

Respostas:

a) 8,3%

b) Cerca de 4 milhões (arredondamento de 3,988 milhões)

7. Uma revendedora de carros usados destina 5.000 dólares de seu orçamento para comerciais de televisão. A estação local cobra 130 dólares por minuto para os horários de fim de noite. A revendedora já tem os comerciais gravados, tendo de arcar apenas com as despesas do tempo de exibição. Para quantos comerciais de 1 minuto darão os recursos da revendedora?

Resposta: 38

8. Uma empresa tem custos fixos de b dólares. Se cada artigo que produz custa a dólares, qual o custo de produção de n artigos?

Resposta: $an + b$ dólares

Capítulo 1 – Noções Básicas de Matemática | **29**

9. Se um mecânico ganha, até um limite de 40 horas semanais, 8,65 reais por hora e se cada hora extra que faz tem um acréscimo de 50% escreva a expressão que dá o salário bruto de uma semana em que trabalhou H horas, com H ^{3} 40.

   Resposta: 12,975(H − 40) + 346 reais

10. Na segunda-feira, uma loja vende m calculadoras, cada uma por 19,95 reais. Na terça-feira vende t calculadoras pelo mesmo preço. Qual a receita da loja, proveniente da venda de calculadoras, nesses dois dias?

    Resposta: $19,95m + 19,95t = 19,95(m_+ t)$ dólares

11. A taxa de crescimento de 2% ao ano, uma população dobra em 35 anos. Isto é, $(1,02)^2$ » 2. O que acontecerá em 350 anos a essa taxa.

    Resposta: $(1,02)^{350} = [(1,02)^{35}$

12. Suponha que um artigo seja vendido originalmente por p. Qual será o seu preço após um desconto de 20%?

    Resposta: $p − 0,20p = 0,80p$

Capítulo 2

Noções de Lógica Proposicional

Introdução

A aplicação dos conceitos de lógica na verificação de validade de argumentação é amplamente aplicada nos vários campos do conhecimento humano. Como metodologia, é amplamente empregada nas ciências naturais, humanas e exatas. Na formação de administradores, contadores e economistas, portanto o "raciocínio lógico" é de fundamental importância para verificação de validade de proposições complexas, inferências e deduções e elaboração de argumentação consistente. Observa-se que existe uma carência na formação de profissionais dessas áreas com respeito ao raciocínio lógico, sendo esta habilidade freqüentemente exigida pelo mercado na seleção de profissionais.

Definição de Lógica

Dá-se o nome de Lógica ao estudo sistemático do pensamento dedutivo, que permite construir argumentos corretos no estudo científico, e que possibilita distinguir os argumentos corretos dos incorretos. A lógica, portanto pode ser aplicada a qualquer estudo científico quer seja nas ciências naturais, humanas e exatas. A Matemática, por exemplo, utiliza amplamente a Lógica como principal ferramenta para demonstração de seus teoremas e fundamentos. Do ponto de vista histórico, a Lógica percorre uma

32 | *Noções de Lógica e Matemática Básica*

longa trajetória desde Aristóteles, estando já relacionada ao método axiomático da Geometria de Euclides, com intensa atividade na Idade Média, até confluir modernamente nas idéias de Gottlob Frege em 1879 sobre a primeira linguagem formal para a Lógica.

Proposições Lógicas

Uma proposição é qualquer frase escrita dentro de um certo contexto, utilizando-se as representações simbólicas e regras próprias de uma linguagem de comunicação. No nosso estudo, tem-se como interesse principal nas proposições lógicas.

Uma proposição lógica simples é qualquer sentença declarativa a qual pode ser atribuída a propriedade de ser 'verdadeira' ou 'falsa'. Por exemplo, a expressão: "Eu gosto de estudar" é uma proposição lógica, pois ela pode verdadeira ou falsa, dependendo do contexto e principalmente a quem ela se refira. Por outro lado, sentenças interrogativas, exclamativas, imperativas não representam proposições, dado que não se pode definir se essas são verdadeiras ou falsas. Exemplificando: "Que menina linda!", "Quem estudou para o teste?", "Falem mais baixo" são expressões que não são nem verdadeiras e nem falsas.

Normalmente as proposições simples são representadas na literatura por letras minúsculas do alfabeto (especialmente as letras 'p', 'q', 'r', 's', 't' ...).

Por exemplo:

— 'p': "ele é um administrador de empresas".

— 'q': "administradoras são pessoas inteligentes".

— 'r:': "a empresa X é lucrativa".

— 's' : "o concorrente vende mais".

Uma proposição lógica simples pode ser "verdadeira" ou "falsa", conforme foi apresentado anteriormente. Essas duas possibilidades representam os dois valores lógicos possíveis para uma proposição. Costuma-se representar o valor lógico "verdadeiro" pela letra V e "falso" por F. Uma proposição lógica tem seu valor lógico representado por v(p). Por exemplo, a proposição p: " Buenos Aires é a capital do Brasil" tem valor lógico, v(p)=F, dado que todos os brasileiros e argentinos sabem que "Buenos Aires" não é a capital brasileira. Já a proposição 'q': "Curitiba é capital do

Paraná" possui valor lógico, v(q)=V, dado que a sentença é verdadeira. Observe que uma proposição simples não pode simultaneamente assumir os dois valores lógicos. Isso quer dizer que nenhuma proposição lógica simples pode ser verdadeira e falsa ao mesmo tempo. Além disso, para que uma sentença aberta não represente uma proposição lógica, é necessário que não se possa definir um valor lógico para ela. Exemplificando, a sentença 'q':"$3x + 2 < 4$" não representa uma proposição lógica simples, uma vez que sem saber o valor de "x" não podemos definir um valor lógico para a sentença. Se dentro de um contexto fosse especificado o valor "$x = 4$", então poderíamos verificar que a sentença anterior seria 'falsa', ou seja, v(q)=F.

Proposições lógicas simples podem ser agrupadas através de 'conectivos' formando assim proposições lógicas compostas. Conectivos são termos da linguagem que permitem a construção de proposições mais elaboradas a partir de proposições simples. Assim, os conectivos são os elos de ligação entre proposições simples que permitem formar sentenças proposicionais mais elaboradas.

Exemplos de conectivos mais usuais são as palavras ' e ', 'ou', 'não', 'se ... então ...', ' ... se, e somente se, ...'

Exemplo:

A sentença "João trabalha e é feliz" é uma proposição composta das proposições simples 'p': "João Trabalha" e 'q': "João é feliz". Observe que a palavra 'e' é o elemento de ligação entre as duas proposições simples, formando então a proposição composta.

Outros exemplos de proposições compostas são:

- "Ele trabalha e estuda."
- "Ele não é fiel ou é desonesto."
- "Ele não é brasileiro."
- "Se ele trabalha então é esforçado."
- "Ela é bonita, graciosa, mas não é simpática."

34 | *Noções de Lógica e Matemática Básica*

- "Maria será aprovada em lógica se, e somente se, estudar muito."
- "Sandra não estuda demais se, e somente se, João é enfermeiro."

Observa-se também que uma proposição composta somente tem seu valor lógico determinado considerando o valor lógico das sub-proposições (proposição simples) que a compõem.

Exemplo:

(ANPAD – Outubro 2000) Considere as seguintes sentenças:

I.   "As rosas são vermelhas e as violetas são azuis."

II. "Quando é a decisão do campeonato?"

III. "A prova é difícil ou longa."

Do ponto de vista de lógica, pode-se dizer que:

A. I, II e III são proposições.

B. I e III são proposições compostas. **(CORRETA)**

C. I, II e III são proposições simples.

D. I, II e II são proposições compostas.

E. O valor verdade de II é FALSO.

Solução: A alternativa I é formada por duas proposições simples "p" e "q" unidas pelo conectivo "e". A proposição "p: As rosas são vermelhas" e "q: As violetas são azuis" formam a sentença I. Portanto, a sentença I é uma proposição composta. A alternativa II não representa uma proposição, dado que sentenças interrogativas não representam proposições. E por fim a alternativa III também é formada por duas proposições simples "p" e "q" unidas pelo conectivo "ou". A proposição "p: A prova é difícil" e "q: A prova (sujeito oculto) é longa" formam a sentença III. Portanto a sentença III também representa uma proposição composta. Assim sendo, a alternativa correta é a alternativa B.

Capítulo 2 – Noções de Lógica Proposicional | 35

Exercícios

1. Considere as seguintes sentenças:

    I. "João trabalha ou estuda."

    II. "Que bela vista!"

    III. "Qual é sua idade."

    Do ponto de vista de lógica, pode-se dizer que:

    a) I, II e III são proposições.

    b) I e III são proposições simples.

    c) II e III não são proposições.

    d) I é proposição simples.

    e) O valor verdade de III é FALSO.

Resposta:

d, pois II e III não são sentenças proposicionais.

2. Diga quais sentenças abaixo são proposições, justificando sua resposta:

    a) Pelé é um grande jogador de futebol.

    b) Foi Marcos que pediu um lápis emprestado?

    c) Ele é muito competente!

    d) Carlos foi trabalhar ou está doente.

Respostas:

    a) Sim.

    b) Não, pois a sentença é interrogativa.

    c) Não, não pois é uma sentença exclamativa.

    d) Sim.

3. Classifique as proposições em "simples" ou "compostas":

    a) João é feliz, trabalhador e solitário.

    b) Carlos estuda muito.

    c) Se João é estudioso então ele é esforçado.

Noções de Lógica e Matemática Básica

d) Manoel está empregado, se e somente se, é pontual.

e) O aluno é inteligente ôu esforçado.

Respostas:

a) Composta por 3 proposições simples.

b) Simples.

c) Composta por 2 proposições simples.

d) Composta por 2 proposições simples.

e) Composta por 2 proposições simples.

Elementos Conectivos

Como foi visto, os conectivos são os elementos fundamentais na construção de uma proposição lógica.

Conjunção

Podem-se combinar duas proposições quaisquer se utilizando o conectivo "e" como elemento de ligação entre elas. O conectivo "e" é chamado de conjunção das proposições originais. Genericamente se uma proposição composta que é formada pelas proposições simples "p" e "q" é representada de maneira simbólica por:

$$p \wedge q$$

Exemplo: Considere a proposição p: "Ele estuda" e seja a proposição q: "Ele trabalha". Se uma proposição composta é formada pela conjunção de ambas ($p \wedge q$) então ela corresponderá a "Ele estuda e trabalha".

A proposição composta $p \wedge q$ tem seu valor lógico verdadeiro, somente quando as duas proposições simples, p e q forem verdadeiras; nos demais casos, a proposição composta será sempre falsa.

Geralmente o valor verdade de uma proposição composta é sumarizado através de uma tabela de valores chamada "tabela verdade". A tabela abaixo representa como os valores lógicos de cada proposição simples afetam a proposição composta:

p	q	$p \wedge q$
V	V	V
V	F	F
F	V	F
F	F	F

Observe que a proposição composta somente será verdadeira quando ambas as proposições simples, "p" e "q" forem verdadeiras.

Disjunção

Podem-se combinar duas proposições quaisquer se utilizando o conectivo "ou" como elemento de ligação entre elas. O conectivo "ou" é chamado de disjunção das proposições originais. Genericamente se uma proposição composta que é formada pelas proposições simples "p" e "q" é representada de maneira simbólica por:

$$p \vee q$$

Exemplo: Considere a proposição p: "Ela namora" e seja a proposição q: "Ela é feliz". Se uma proposição composta é formada pela conjunção de ambas ($p \vee q$) então ela corresponderá a "Ela namora ou é feliz".

A proposição composta $p \vee q$ tem seu valor lógico verdadeiro, quando "p" for verdadeira ou quando "q" for verdadeira ou quando ambas as proposições simples, p e q forem verdadeiras; se ambas forem falsas, então a proposição composta será falsa.

A tabela abaixo representa como os valores lógicos de cada proposição simples afetam a proposição composta:

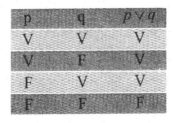

Observe que a proposição composta somente será falsa quando ambas as proposições forem falsas. Se pelo menos uma das proposições simples for ver-dadeira, então a proposição composta será verdadeira.

Negação

Os conectivos: "conjunção" e "disjunção" que foram anteriormente apresentados unem duas proposições simples. O conectivo: "negação" é aplicado em sobre uma proposição simples ou composta e tem o efeito de mudar o valor lógico da proposição a qual ele está aplicado. Diferentemente dos conectivos anteriormente apresentados, o operador "negação" é uma operação "unária" (aplicada sob uma única proposição).

Simbolicamente a "negação" da proposição "p" é indicada por

$$\sim p \quad \text{ou} \quad p'$$

Exemplo: Considere a proposição p: "Ele estuda" então, a negação de p, "~ p" será "Ele não trabalha" ou " Não é verdade que ele trabalha".

Como foi dito, o conectivo "negação" inverte o valor lógico da proposição original. Se a proposição "p" é verdadeira, então "~p" é falsa. Por outro lado se a proposição "p" é falsa, então "~p" é verdadeira.

A tabela verdade do conectivo: "negação" pode ser sumarizada por

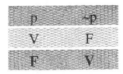

Condicional

Freqüentemente é utilizada a forma "Se p , então q ". O conectivo "se ... então ..." é chamado de condicional. Genericamente se uma proposição composta que é formada pelas proposições simples "p" e "q" utilizando como conectivo o condicional é representada de maneira simbólica por:

$$p \to q$$

O conectivo "condicional" pode também ser lido como:

"p implica em q"; " p é suficiente para q", " p somente se q".

Exemplo: Considere a proposição p: "Ela é formada" e seja a proposição q: "Ela trabalha". Se uma proposição composta é formada pela conjunção de ambas ($p \to q$) então ela corresponderá a " Se ela é formada então ela trabalha".

A proposição composta $p \to q$ tem seu valor lógico falso, somente quando "p" for verdadeira ou quando "q" for falsa. Nas demais condições o valor lógico de $p \to q$ é sempre verdadeiro. Isso decorre do fato de que uma proposição verdadeira não pode nunca implicar em uma proposição falsa.

A tabela abaixo apresenta como os valores lógicos de cada proposição simples afetam a proposição composta:

p	q	$p \to q$
V	V	V
V	F	F
F	V	V
F	F	V

Observe que a proposição composta somente será falsa quando a primeira for verdadeira e a segunda for falsa.

Bi-condicional

Outra proposição muito é utilizada a forma "p se, e somente se, q". O conectivo "... se, e somente se, ..." é chamado de bi-condicional. Genericamente se uma proposição composta que é formada pelas proposições simples "p" e "q" utilizando como conectivo o condicional é representada de maneira simbólica por:

$$p \leftrightarrow q$$

Exemplo: Considere a proposição p: "Ela é uma excelente profissional" e seja a proposição q: "Ela estudou em centros de referência em administração". Se uma proposição composta é formada pela conjunção de ambas ($p \leftrightarrow q$) então ela corresponderá a " Ela é uma excelente profissional se, e somente se, ela estudou em centros de referência em administração".

A proposição composta $p \leftrightarrow q$ tem seu valor lógico verdadeiro, somente quando "p" e "q" possuírem valores lógicos iguais (ambas "verdadeiras" ou ambas "falsas"). Quando "p" e "q" tiverem valores lógicos distintos, então $p \leftrightarrow q$ será falsa..

A tabela abaixo apresenta como os valores lógicos de cada proposição simples afetam a proposição composta:

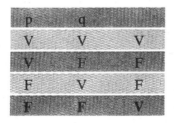

Observe que a proposição composta somente será falsa quando a primeira for verdadeira e a segunda for falsa.

Capítulo 2 – Noções de Lógica Proposicional | **41**

Exemplos:

1. (ANPAD – Junho 2000) Sejam as proposições:

    * p: Thales é honesto.

    * q: Thales é trabalhador.

    Assuma que os símbolos e letras $\wedge$, $\vee$, $\sim p$ e $\sim q$ representam respectivamente, conjunção (e), disjunção (ou), negação de p e negação de q. Entre as alternativas abaixo, em linguagem simbólica, aquela que representa a proposição "Não é verdade que Thales é desonesto ou trabalhador" é:

    a) $\sim p \vee \sim q$

    b) $\sim (\sim p \vee \sim q)$

    c) $\sim (\sim p \vee q)$

    d) $\sim p \wedge \sim q$

    e) $\sim p \wedge q$

    Solução: a proposição composta é formada por duas proposições simples "Thales é desonesto" (equivale a $\sim p$) e "Thales é trabalhador" (equivale a q). O conectivo das duas proposições simples é a palavra "ou". Além disso, o termo "Não é verdade que ..." equivale a negação de toda a proposição composta. Assim sendo, a sentença "Não é verdade que Thales é desonesto ou trabalhador" equivale a $\sim (\sim p \vee q)$; portanto a alternativa correta é a letra C.

2. Sejam as proposições p: "Thales é empregado.", q: "Thales estuda" e r: "Thales é esforçado". Transcreva as proposições compostas abaixo para a forma textual:

    a) $\sim p \vee \sim q$

    b) $p \wedge \sim q \wedge r$

    c) $p \leftrightarrow q$

    d) $\sim r \rightarrow p$

    Solução:

    a) Thales não é empregado ou não estuda., pois "$\sim$" nega a proposição principal e o símbolo $\vee$ é substituído pela disjunção ("ou").

    b) Thales é empregado, não estuda e é esforçado, pois o símbolo $\wedge$ é substituída pela conjunção ("e").

42 | *Noções de Lógica e Matemática Básica*

c) Thales é empregado, se e somente se, ele estuda, pois o símbolo $\leftrightarrow$ é substituído pelo bi-condicional ("...se e somente se...").

d) Se Thales não é esforçado então ele é empregado, pois o símbolo $\rightarrow$ é substituído pelo condicional (" se ... então ...").

3. Dadas as seguintes proposições compostas, represente as mesmas simbolicamente utilizando os conectivos:

a) Chove hoje ou faz frio.

b) Se hoje fez frio ou choveu então eu ficarei doente.

c) Não é verdade que: se ele é estudioso então terá sucesso.

d) Ele não é famoso, se e somente se, ele é tímido.

Solução:

a) p: "Chove hoje", q: "faz frio", simbolicamente a proposição é dada por $p \vee q$.

b) p: "hoje fez frio" , q: "hoje choveu" e r: "eu ficarei doente" simbolicamente a proposição é dada por $(p \vee q) \rightarrow r$.

c) p: "ele é estudioso", q: "ele terá sucesso", simbolicamente a proposição é dada por $\sim (p \rightarrow q)$.

d) p: "ele é famoso", q: "ele é tímido", simbolicamente a proposição é dada por $(\sim p \leftrightarrow q)$.

Exercícios

1. (ANPAD – Fevereiro 2001) Sejam p, a proposição "está frio" e q a proposição "está chovendo". A tradução para linguagem corrente da proposição $(p \wedge \sim q) \rightarrow p$, onde $\wedge$ é o conectivo "e", $\sim q$ é a negação de q e $\rightarrow$ é o sinal de implicação , é:

a) Está chovendo se, e somente se, está frio.

b) Está frio, então não está chovendo.

c) Se está frio, então não está chovendo.

Capítulo 2 – *Noções de Lógica Proposicional* | **43**

d) Se está frio e não está chovendo, então está frio.

e) Se está frio e chovendo, então está frio.

Resposta: D.

2. Sejam as proposições p: " Axel é jogador", q: "Sandra é jornalista" e r: "Pedro é engenheiro". Transcreva as proposições compostas abaixo para a forma textual:

a) $\sim p \vee \sim q$

b) $p \wedge \sim q \wedge r$

c) $p \leftrightarrow q$

d) $\sim r \rightarrow p$

3. Dadas as seguintes proposições compostas, represente as mesmas simbolicamente utilizando os conectivos:

a) Rosas são vermelhas, violetas são azuis e é falso que ipês têm flores marrons.

b) Se Pedro é italiano ou fala inglês então é falso que ele não pode viajar para o exterior.

c) Não é verdade que: Carlos será promovido se, e somente se, ele não estuda à noite.

d) Se Marcos é casado ou tem uma namorada então ele é trabalhador.

Polinômios de Boole

Assim como na álgebra podem-se formar expressões mais complexas pela combinação de números com operadores, o mesmo pode ser feito no estudo de lógica proposicional, combinando-se proposições com conectivos, formando assim proposições mais complexas. Essas proposições mais complexas são conhecidas como polinômios de Boole.

Exemplos:

$$P(p,q,r) = \quad \sim (p \vee \sim q) \rightarrow r$$
$$Q(p,q,r) = \quad (p \leftrightarrow \sim q) \rightarrow \sim r$$

44 | *Noções de Lógica e Matemática Básica*

Geralmente expressam-se os polinômios de Boole com letras maiúsculas e as proposições simples por letras minúsculas do alfabeto.

Uma avaliação do valor lógico de um polinômio de Boole depende do valor lógico das proposições simples que formam esse polinômio. Essa avaliação é feita a partir de tabelas chamadas de "tabela lógicas" ou "tabela verdade". Uma "tabela lógica" contém todas as combinações de valores lógicos possíveis que podem ser atribuídos ao polinômio de Boole. Assim sendo, se P(p,q), então se pode ter 4 combinações possíveis de valores lógicos atribuídos a P. Portanto, a tabela verdade deve prever 4 linhas para a atribuição dos valores lógicos a P. O valor 4 decorre da seguinte formulação: " *n. de linhas* $= 2^{n.\ de\ proposições}$ ". Assim se P(p,q), então o número de linhas será $2^2 = 4$.

Seja por exemplo a proposição $P(p,q) = \, \sim (p \vee \sim q)$. Sabe-se que a tabela verdade será composta por 4 linhas.

p	q	$\sim q$	$p \vee \sim q$	$\sim (p \vee \sim q)$
V	V	F	V	F
V	F	V	V	F
F	V	F	F	V
F	F	V	V	F

Observe que a negação tem prioridade sobre a disjunção na sentença $p \vee \sim q$ e que de modo análogo a álgebra, os parênteses determinam a seqüência na qual as operações devem ser executadas.

Outra maneira de se construir uma tabela lógica é a seguinte

p	q	$\sim$	$(p$	$\vee$	$\sim$	$q)$
V	V		V			V
V	F		V			F
F	V		F			V
F	F		F			F
Etapa			1^a			1^a

p	q	~	(p	∨	~	q)
V	V		V		F	V
V	F		V		V	F
F	V		F		F	V
F	F		F		V	F
Etapa			1ª		2ª	1ª

p	q	~	(p	∨	~	q)
V	V		V	V	F	V
V	F		V	V	V	F
F	V		F	F	F	V
F	F		F	V	V	F
Etapa			1ª	3ª	2ª	1ª

p	q	~	(p	∨	~	q)
V	V	F	V	V	F	V
V	F	F	V	V	V	F
F	V	V	F	F	F	V
F	F	F	F	V	V	F
Etapa		4ª	1ª	3ª	2ª	1ª

Nesse exemplo, foram construídas 4 tabelas por questões de clareza na construção da tabela, porém usualmente somente uma tabela é construída e indica-se o número de etapa correspondente ao preenchimento da tabela.

46 | *Noções de Lógica e Matemática Básica*

Seja o polinômio de Boole $P(p,q,r) = \sim q \to (p \leftrightarrow \sim r)$, a seguinte tabela verdade pode ser construída:

p	q	r	~	q	→	(p	↔	~	r)
V	V	V	F	V	V	V	F	F	V
V	V	F	F	V	V	V	V	V	F
V	F	V	V	F	F	V	F	F	V
V	F	F	V	F	V	V	V	V	F
F	V	V	F	V	V	F	V	F	V
F	V	F	F	V	V	F	F	V	F
F	F	V	V	F	V	F	V	F	V
F	F	F	V	F	F	F	F	V	F
Etapas			2ª	1ª	4ª	1ª	3ª	2ª	1ª

Exercícios

1. Construa a tabela verdade para as seguintes proposições:

   a) $\sim p \vee \sim q$

   b) $\sim p \wedge \sim q$

   c) $p \vee \sim q$

   d) $\sim p \to q$

   e) $(\sim p \vee p) \vee (q \leftrightarrow p)$

   f) $(\sim p \to p) \wedge (q \to p)$

   g) $(p \vee r) \vee (\sim r \leftrightarrow q)$

   h) $(p \vee p) \leftrightarrow (q \vee p)$

   i) $\sim (r \to t) \leftrightarrow (t \to w)$

   j) $\sim (\sim p \to \sim q) \leftrightarrow (p \to \sim q)$

2. Um pessoal proferiu a seguinte proposição: " Se é falso que: alguém trabalha ou estuda então não é verdade que: essa pessoa é inteligente e não é preguiçosa. Transforme essa sentença na forma simbólica e construa a tabela verdade, verificando em quais combinações a sentença é verdadeira.

3. Construa a tabela verdade para as seguintes proposições:

   a) $p \leftrightarrow \sim q$

   b) $\sim (p \wedge \sim q) \wedge (p \vee \sim q)$

   c) $p \to (\sim q \wedge p)$

   d) $(p \to \sim q) \leftrightarrow \sim q$

   e) $(\sim p \to q) \vee (q \wedge p)$

   f) $\sim (r \to t) \wedge (t \to \sim w)$

   g) $\sim (p \to \sim r) \leftrightarrow [\sim p \to (q \to r)]$

Tautologias e Contradições

Chama-se um polinômio de Boole $P(p,q,r...)$ de "*tautologia*" se, para qualquer combinação de valores lógicos atribuídos a ele, o resultado sempre é "verdadeiro". Por outro lado, se o resultado sempre for falso, o polinômio é chamado de "*contradição*".

Exemplo: Verifique se $P(p,q) = (p \lor \sim p) \lor (\sim q \lor q)$ representa uma tautologia.

p	q	(p	$\lor$	$\sim$	p)	$\lor$	($\sim$	q	$\lor$	q)
V	V	V	V	F	V	V	F	V	V	V
V	F	V	V	F	V	V	V	F	V	F
F	V	F	V	V	F	V	F	V	V	V
F	F	F	V	V	F	V	V	F	V	F
Etapa		1^a	3^a	2^a	1^a	4^a	2^a	1^a	3^a	1^a

Verifica-se no exemplo acima que a proposição P é uma "tautologia", pois o polinômio de Boole sempre apresenta valores lógicos verdadeiro, sem nenhuma influência das variáveis proposicionais que o formam.

Exemplo: Verifique se $Q(p,q) = (p \land \sim p) \lor (\sim q \land q)$ representa uma tautologia.

p	q	(p	$\land$	$\sim$	p)	$\lor$	($\sim$	q	$\land$	q)
V	V	V	F	F	V	F	F	V	F	V
V	F	V	F	F	V	F	V	F	F	F
F	V	F	F	V	F	F	F	V	F	V
F	F	F	F	V	F	F	V	F	F	F
Etapa		1^a	3^a	2^a	1^a	4^a	2^a	1^a	3^a	1^a

48 | *Noções de Lógica e Matemática Básica*

Verifica-se no exemplo acima que a proposição Q é uma "contradição", pois o polinômio de Boole sempre apresenta valor lógico "falso", independente do valor lógico das variáveis proposicionais que o formam.

Exercícios

1. Verifique se proposições abaixo são Tautologias, Contradições ou apenas proposições comuns:

   a) $\sim p \vee p$

   b) $\sim q \wedge q$

   c) $(p \vee \sim q) \vee (\sim p \vee q)$

   d) $\sim p \rightarrow [(q \wedge p) \wedge \sim q]$

   e) $(\sim p \vee p) \wedge (q \leftrightarrow p)$

   f) $(\sim p \rightarrow q) \wedge (q \rightarrow p)$

   g) $(p \vee r) \vee (\sim r \leftrightarrow r)$

   h) $(p \vee \sim q) \leftrightarrow (\sim q \vee p)$

   i) $\sim (r \rightarrow t) \leftrightarrow \sim (t \wedge \sim r)$

   j) $(p \rightarrow \sim q) \leftrightarrow (\sim p \vee \sim q)$

2. Um professor definiu as três regras abaixo para a aprovação em seu curso e definiu que seria aprovado o aluno ao qual resultasse em verdade a aplicação de R_1, R_2 e R_3:

   R_1: Aluno possui média superior a 7 ou freqüência inferior a 70%.

   R_2: Ter resolvido todos os exercícios ou ter média superior a 7.

   R_3: Média inferior a 7 e freqüência superior a 70%.

   Você aceitaria as condições estabelecidas pelo professor? Justifique sua resposta (Sugestão represente as regras como proposições e verifique seus valores lógicos).

Resposta:

Não, pois todas as regras formam uma contradição, logo seria impossível a aprovação nesse curso.

Equivalência Lógica

Duas proposições P(p,q) e Q(p,q) são ditas logicamente equivalentes se, e somente se, possuem valores lógicos idênticos (resultados de suas tabelas-verdade são iguais). Indica-se a equivalência entre duas proposições por:

$$P(p,q) \equiv Q(p,q)$$

Se existe uma equivalência lógica entre duas sentenças, uma pode substituir a outra, permanecendo a mesma configuração lógica sobre a mesma.

Exemplo:

Seja *P(p,q)* a proposição "Mário não estuda ou trabalha" e *Q(p,q)* a proposição " Se Mario estuda então ele trabalha". Simbolicamente, pode-se expressar essas duas proposições por $P(p,q) = \sim p \vee q$ e $Q(p,q) = p \rightarrow q$. Verifique se as duas proposições são logicamente equivalentes.

p	q	$\sim$	p	$\vee$	q
V	V	F	V	V	V
V	F	F	V	F	F
F	V	V	F	V	V
F	F	V	F	V	F
Etapa		2^a.	1^a.	3^a.	1^a.

p	q	p		q
V	V	V	V	V
V	F	V	F	F
F	V	F	V	V
F	F	F	V	F
Etapa		1^a.	2^a.	1^a.

50 | *Noções de Lógica e Matemática Básica*

Pode-se verificar que as duas proposições apresentam o mesmo resultado para a tabela verdade de P e Q. Portanto P e Q são logicamente equivalentes, isto é, $P \equiv Q$. E, portanto a afirmação "Mario não estuda ou trabalha" apresenta o mesmo valor lógico que "Se Mario estuda então ele trabalha".

Exercícios

1. Verifique se as proposições abaixo são equivalentes:

a) $\sim \sim p$ e p

b) $\sim(p \wedge q)$ e $\sim p \wedge \sim q$

c) $\sim(p \wedge q)$ e $\sim p \vee \sim q$

d) $p \wedge (q \wedge r)$ e $(p \wedge r) \wedge q$

e) $(p \to q) \leftrightarrow (q \to p)$ e $(p \leftrightarrow q) \to (q \leftrightarrow p)$

f) $p \wedge (q \vee r)$ e $(p \wedge r) \vee q$

g) $\sim(\sim p \vee q) \vee r$ e $(\sim p \to q) \to r$

h) $(\sim p \vee r) \wedge (q \to r)$ e $(p \leftrightarrow r)$

i) $(p \to q) \vee r$ e $(p \to r) \vee q$

j) $\sim p \wedge (\sim q \wedge \sim r)$ e $(p \to r) \to q$

Respostas:

a)	Sim.	e)	Sim.	i)	Sim.
b)	Não.	f)	Não.	j)	Não.
c)	Sim.	g)	Não.		
d)	Sim.	h)	Sim.		

Capítulo 3

Noções sobre a Teoria Geral dos Conjuntos

Iniciaremos este capítulo revendo e reforçando a Teoria dos Conjuntos, introduzindo muitos dos símbolos freqüentemente usados na Matemática e explicando a situação em que cada um é usado.

Conceitos Iniciais

Forma-se a idéia de *conjunto* como uma coleção qualquer de objetos, que são os seus *elementos*. Quando se estuda a teoria geral dos conjuntos, parte-se de algumas considerações chamadas primitivas, isto é, aceitas sem uma definição formal. Dentro da teoria de conjuntos, os termos conjunto, elemento e pertinência são considerados entes primitivos, portanto sem definição.

De maneira intuitiva associa-se à idéia de conjunto a uma coleção ou coletânea de objetos que possuem entre si ao menos uma característica ou propriedade em comum. Assim sendo, um conjunto pode descrever uma coletânea de paises, nomes, pessoas, modelos de automóveis, enfim, qualquer objeto com ao menos uma característica comum.

Convenções

As seguintes convenções serão utilizadas na teoria dos conjuntos:

I) Os conjuntos serão indicados por letras MAIÚSCULAS do alfabeto. Exemplo: A,B,C,...

II) Os elementos serão indicados por letras minúsculas do alfabeto. Exemplo: a,b,c,...

III) Pertinência: quando se quer relacionar elementos que pertencem a um conjunto, utiliza-se o símbolo $\in$ (letra *epson* do alfabeto grego) que é lido como "é elemento de" ou " pertence a". O símbolo $\notin$ é a negação do símbolo de pertinência, portanto é lido como "não é elemento de" ou "não pertence a".

Geralmente quando se tem um símbolo cortado com um traço é uma indicação da negação desse símbolo. Observe que o símbolo $\in$ é utilizado para relacionar elemento a um conjunto. Portanto, é errado utilizar-se esse símbolo para relacionamento entre conjuntos e entre elementos.

Exemplos:

a) a $\in$ A, deve ser lido como: "elemento **a** pertence ao conjunto **A**".

b) b $\notin$ C, deve ser lido como: "elemento **b** não pertence ao conjunto **C**".

c) B $\in$ A, é um modo **incorreto** de se utilizar o símbolo, pois está se relacionando um conjunto a outro com o símbolo de pertinência.

Notação de Conjuntos

Três modos distintos são utilizados para representar os elementos de um conjunto.

1ª) Quando os elementos de um conjunto podem ser descritos (mesmo quando esse possui infinitos elementos) utiliza-se uma notação chamada de Notação Tabular. Essa notação consiste em citar os elementos do conjunto separados por vírgulas e entre chaves.

Capítulo 3 – Noções sobre a Teoria Geral dos Conjuntos | 53

Exemplos:

a) A = {a,e,i,o,u}   b) B = {1,3,5,...}

c) C = {0,2,4,...}   d) D = {verde, amarelo, azul, branco}

2ª) Pode-se representar um conjunto descrevendo a propriedade que é comum a todos os elementos que pertencem a esse conjunto. Essa representação é dada por:

$$A = \{ x \mid x \text{ possui tal propriedade} \}$$

O símbolo | é lido como " tal que".

Exemplos:

a) A = { x | x é vogal }

b) B = { x | x é positivo e ímpar}

c) E = { x | x é pais da Europa }

d) D = { x | x é cor da bandeira brasileira}

3ª) O terceiro modo de se representar um conjunto é através de uma representação gráfica. Essa representação consiste em representar elementos por pontos limitados por uma linha fechada que não se cruza. Esse modo de representação recebe o nome de diagrama. Quando se utiliza uma circunferência esse diagrama recebe o nome de diagrama de Euler-Veen.

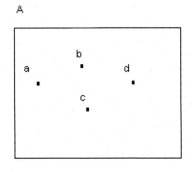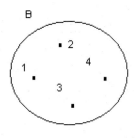

Tipos Especiais de Conjuntos

Conjunto Unitário

Chama-se de **conjunto unitário** aquele conjunto que possui somente um único elemento.

Exemplos:

a) $A = \{ 1 \}$

b) $B = \{ x \mid x$ é capital do Paraná$\}$

c) $C = \{x \mid 2 + x = -x\}$

Conjunto Vazio

Chama-se de **conjunto vazio** aquele conjunto que não possui elementos. A representação do conjunto vazio pode ser dada por $\{ \}$ ou ϕ (letra "ff" do alfabeto grego).

Cuidado $\{\phi\}$ não é uma representação do conjunto vazio!

Exemplos:

a) $A = \{ \}$

b) $B = \{x \mid x$ é par e ímpar$\}$

c) $C = \{x \mid x + 1 = x\}$

Conjunto Universo

Chama-se de **conjunto universo** aquele conjunto que contém todos os elementos possíveis em um dado universo de discurso. Por exemplo, se o universo de discurso (tema sob estudo) é o nosso alfabeto, então o conjunto universo conterá todas as letras do nosso alfabeto (de "a" ate "z"). Usualmente utiliza-se a letra U para a representação do conjunto universo. De modo alternativo na literatura encontra-se também a letra S denotando o conjunto universo.

Exemplos:
a) U = {a,b,c,...,z}
b) U={...,-2,-1,0,1,2,...}
c) U={x| x é um número}

Conjunto Disjunto

Chamam-se de **conjuntos disjuntos** aqueles conjuntos que não possuam nenhum elemento em comum.

Exemplos:
a) A = {3,4} e B = {5,6}
b) C = {8,-9,10} e D = {-8,9,-10}
c) E = {3,4} e F = {34}
d) G = {x | x é letra do alfabeto} e H = { x | x é ímpar}

O diagrama de Veen de dois conjuntos genéricos disjuntos seria o apresentado na figura abaixo:

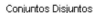
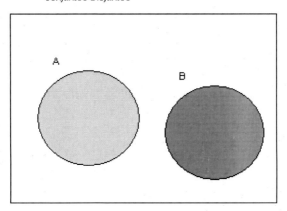

Conjunto Finito / Conjunto Infinito

Chama-se de **conjunto finito** aquele conjunto que possui um número finito de elementos.

Exemplos:

    a) $A = \{1, 5, 9\}$

    b) $B = \{x \mid x$ é rio da Terra$\}$

    c) $C = \{x \mid x^2 - 16 = 0\}$

De modo análogo, chama-se de **conjunto infinito** aquele que possui uma infinidade de elementos.

Exemplos:

    a) $A = \{0,1,2,...\}$

    b) $B = \{x \mid x$ é par e positivo$\}$

    c) $C = \{x \mid 0.x = 0\}$

Subconjunto

Diz-se que o conjunto A está contido no conjunto B, ou que A é **subconjunto** de B, se, e somente se, todo elemento de A também pertencer a B.

Exemplo:

    a) $A = \{1, 3\}$ é subconjunto de $\{1, 2, 3, 4\}$

    b) $C = \{x \mid x$ é capital brasileira$\}$ é subconjunto de
        $D = \{x \mid x$ é cidade do Brasil$\}$

Simbologia

Símbolo	Significado
$\subset$	"está contido" ou " é subconjunto de"
$\not\subset$	" não está contido" ou "não é subconjunto de"
$\supset$	"contém"
$\not\supset$	"não contém"

Capítulo 3 – Noções sobre a Teoria Geral dos Conjuntos

Observe que os símbolos $\subset$ e $\supset$ indicam a relação de subconjunto porém o que muda é o agente da relação. Por exemplo se A = {2,4} e B = {2,4,6,...}, pode-se dizer que $A \subset B$ (A está contido em B) ou que $B \supset A$ (B contém A), embora as representações sejam diferentes elas descrevem a mesmo relacionamento entre os conjuntos A e B. Assim como $\not\subset$ indica que não é subconjunto, conforme anteriormente comentado.

De modo genérico, poderia se representar subconjunto pelo diagrama abaixo:

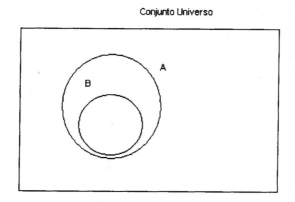

Observe que, por definição, todo e qualquer conjunto é sempre subconjunto do conjunto universo (dentro de um dado universo de discurso). Além disso, o conjunto vazio por definição sempre é subconjunto de qualquer conjunto.

$$A \subset U \quad e \quad \phi \subset A$$

Igualdade entre Conjuntos

Diz-se que os conjuntos A e B são iguais se, e somente se, todo o elemento de A pertence a B e todo elemento de B pertence também a A. Ou seja, para que dois conjuntos sejam iguais eles precisam ter os mesmos elementos. Representa-se a igualdade entre A e B pelo símbolo " = ". De modo análogo, se dois conjuntos não possuem os mesmos elementos, diz-se que eles são diferentes. Isso é representado utilizando-se o símbolo " $\neq$ ".

Além disso, uma maneira de se verificar a igualdade entre dois conjuntos A e B, é verificar a dupla inclusão:

$$A \subset B \quad e \quad B \supset A$$

58 | *Noções de Lógica e Matemática Básica*

Exemplos:

a) $A = \{2,1,0\}$ e $B = \{0,1,2\}$ portanto $A = B$

b) $C = \{1,1,2,3\}$ e $D = \{1,2,3\}$ portanto $C = D$

c) $E = \{2\}$ e $F = \{x \mid x$ é par e primo$\}$ portanto $E = F$

d) $G = \{1,3,4\}$ e $H = \{13,4\}$ portanto $G \neq H$

e) $I = \{x \mid x^2-3x+2=0\}$ e $J = \{1,2\}$ portanto $I = J$

Observe que nem a ordem dos elementos e nem a repetição de um elemento alteram a igualdade entre conjuntos. A repetição de elementos é desnecessária e deve ser evitado a fim de não causar confusão.

Exercícios

1. Transcreva as sentenças abaixo utilizando a notação simbólica:

a) "e" é membro do conjunto A.

b) "p" é elemento de A.

c) "a" não é elemento de A.

d) "b" não é membro de B.

e) O conjunto A está contido em B.

f) O conjunto C inclui B.

g) O conjunto A não é subconjunto de B.

h) O conjunto A não contém C.

Respostas:

a) $e \in A$ e) $A \subset B$

b) $p \in A$ f) $C \supset B$

c) $a \notin A$ g) $A \not\subset B$

d) $b \notin B$ h) $A \not\supset C$

Capítulo 3 – Noções sobre a Teoria Geral dos Conjuntos | **59**

2. Escreva os conjuntos abaixo na forma tabular:

a) Conjunto das 5 primeiras letras do alfabeto.

b) Conjunto dos números inteiros entre 2 e 7 (inclusive).

c) Conjunto das vogais do alfabeto.

d) Conjunto das consoantes da palavra "MATEMÁTICA".

e) {x | x é letra de "PLANETA"}.

f) Conjunto dos números pares entre 1 e 18 (sem incluir os extremos).

g) Conjunto dos números primos e pares.

h) Conjunto dos números positivos, ímpares e menores que 20.

i) Conjunto dos números primos de 1 a 20 (inclusive).

j) Conjunto das raízes da equação $3.x + 1 = 2x - 4$

k) $\{x \mid x^2-16=0\}$

l) O Conjunto das soluções que simultaneamente resolvem $2.x - 1 = 7$ e $x^2 - 5x +4 = 0$

m) $\{x \mid x^2 -25$ e $x - 2 = -7\}$

n) Os algarismos de 12355.

o) {x | x é algarismo de 1214}

Respostas:

a) {a,b,c,d,e}

b) {2,3,4,5,6,7}

c) {a,e,i,o,u}

d) {M,T,C}

e) {A,E,P,L,N,T}

f) {2,4,6,8,10,12,14,16}

g) {2} h) {1,3,5,7,9,11,13,15,17,19}

i) {1,2,3,5,7,11,13,17,19}

j) {-5}, k) {-4,4} l){4}

m) {-5} n) {1,2,3,5}

o) {1,2,4}

3. Escreva os conjuntos abaixo utilizando a notação da propriedade:

a) {Paraná, Santa Catarina e Rio Grande do Sul}

b) {São Paulo, Rio de Janeiro, Florianópolis, Porto Alegre, ...}

Noções de Lógica e Matemática Básica

c) { A, U , L}

d) {1,2,3,4,5}

e) {2,4, 6, 8, ..., 20}

f) {2,8,5}

g) O conjunto dos números primos entre 5 e 21, inclusive.

h) {2,3,4}

Respostas:

a) {x | x é um estado do sul do Brasil}

b) {x | x é capital brasileira}

c) {x | x é letra de AULA}

d) { x | x é algarismo entre 0 e 6}

e) {x | x é positivo, inteiro e está entre 2 e 20 inclusive}

f) {x | x é algarismo de 825}

g) { x | x é primo e está entre 5 e 21 inclusive}

h) {x | x é algarismo de 324}

4. Seja A = { x | x é algarismo de 34210}, B = { 0,1,2,3,4,0}, C = {1,3} , D = {2,4,5}. Assinale V para verdadeiro e F para falso:

( ) $2 \in A$

( ) $B = A$

( ) $A \subset B$

( ) $\{2\} \notin C$

( ) $C \supset B$

( ) $C \in A$

( ) $A \supset C$

( ) $D \not\subset B$

Respostas: V, V, V, F, F, F, V, V

Capítulo 3 – Noções sobre a Teoria Geral dos Conjuntos | 61

5. Se B={p, q, r}, diga se as proposições abaixo são verdadeiras ou falsas.

( ) $p \in B$ ( ) $b \notin B$ ( ) $q \subset B$ ( ) $f \not\subset B$ ( ) $\phi \subset B$

( ) $\phi \in B$ ( ) $\phi \supset B$ ( ) $B \subset U$ ( ) $B \in U$ ( ) $B \not\supset U$

Respostas:

1ª. Linha V, V, F, F, V

2ª. Linha F, F, V, F, V

6. Diga que conjuntos abaixo são finitos ou infinitos:

   a) O conjunto dos rios do Brasil.

   b) O conjunto de planetas do sistema Solar.

   c) O conjunto dos números inteiros que são múltiplos de 3.

   d) O conjunto dos números inteiros entre 1 e 5.

   e) O conjunto das frações compreendidas entre 1 e 2.

   f) O conjunto das soluções de $x^8 + 2.x^4 - x^3 + 12 = 0$.

   g) $\left\{ \dfrac{x+4}{3} \mid x \in N \quad e \quad x < 4 \right\}$

Respostas:

   a) Finito.   e) Infinito.

   b) Finito.   f) Finito.

   c) Infinito.   g) Finito.

   d) Finito.

Operações entre conjuntos

Dada a visão geral sobre conjunto e suas características, a seguir serão abordadas a aplicação de operações sobre conjuntos. Essas operações visam gerar novos conjuntos pela combinação de características peculiares a eles. Para entender as operações entre conjuntos é fundamental se fazer à correta distinção dos conectivos "e" e "ou".

Noções de Lógica e Matemática Básica

O conectivo "e" é utilizado para unir sentenças onde as duas condições devem ser cumpridas. Portanto ele é empregado quando há uma exigência de que se cumpram essas condições. Além disso, ele também esta associado à idéia de simultaneidade.

Já o conectivo "ou" é utilizado para unir sentenças onde duas alternativas ou opções são possíveis. Portanto, ele é empregado quando se quer possibilitar uma escolha. Existem dois tipos de conectivos "ou": exclusivo e exclusivo. O "ou inclusivo" considera a alternativa 1, a alternativa 2 ou ambas como alternativas de escolha. Já o "ou exclusivo" considera ou a alternativa 1, ou a alternativa 2, porém, não considera a possibilidade de ambas.

Por exemplo, a sentença "Vou ao restaurante *ou* ao shopping" considera que as duas opções podem ser realizadas. Já a sentença "Após os exames, passarei de ano *ou* reprovarei". Aqui somente será utilizado o "ou exclusivo". Portanto quando for utilizado esse conectivo, lembre-se que a ocorrência de ambas situações também deve ser considerada.

União ou Reunião

Sejam dois conjuntos quaisquer A e B. Chama-se reunião ou simplesmente união de A e B ao conjunto formado pelos elementos que pertençam a A ou a B (ou inclusivo – portanto ou a ambos os conjuntos). Indica-se a união de A e B por:

$$A \bigcup B, \text{ que se lê: A união B}$$

Formalmente define-se união por:

$$A \bigcup B = \left\{ x \mid x \in A \quad ou \quad x \in B \right\}$$

A representação da União através do diagrama de Veen é a seguinte:

Capítulo 3 – Noções sobre a Teoria Geral dos Conjuntos | **63**

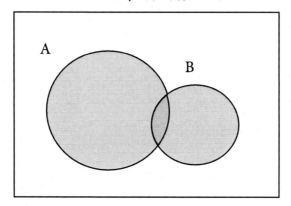

Note que toda a área destacada representa a união de A e B. A idéia de união está associada à adição ou soma de elementos. Observe que as considerações abaixo são validas para todo e qualquer conjunto com relação à operação União:

$$A \cup Universo = Universo$$
$$A \cup \phi = A$$
$$A \cup A = A$$
$$A \cup (B \cup C) = (A \cup B) \cup C$$
$$A \cup B = B \quad (A \subset B)$$

Exemplos:

a) Se A = {1,2,3} e B = {2,3,5}, então:
$$A \cup B = \{1,2,3,5\}$$

b) Se P = {0,2,4,6,...} e Q = {1,3,5,7,...}, então:
$$P \cup Q = \{0,1,2,...\}$$

c) Se D = {1,3,5} e F = {1,3}, então:
$$D \cup F = \{1,3,5\} = D$$

A união de um conjunto com qualquer subconjunto seu sempre resultará no próprio conjunto.

Interseção

Sejam dois conjuntos quaisquer A e B. Chama-se interseção de A e B ao conjunto formado pelos elementos que pertençam a A e simultaneamente a B. Indica-se a interseção de A e B por:

$$A \cap B, \text{ que se lê: A interseção B}$$

Formalmente define-se interseção por:

$$A \cap B = \{x \mid x \in A \quad e \quad x \in B\}$$

A representação da União através do diagrama de Veen é a seguinte:

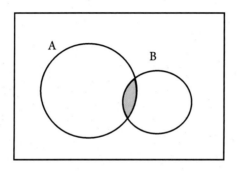

Note que a área comum a A e B representa a interseção entre eles. Observe que as considerações abaixo são validas para todo e qualquer conjunto com relação à operação Interseção:

$A \cap Universo = A$; $A \cap \phi = \phi$

$A \cap A = A$; $A \cap (B \cap C) = (A \cap B) \cap C$

$A \cap B = A \quad (A \subset B)$

$A \cap B = \phi \quad A \text{ e } B \text{ disjuntos}$

$A \cap (B \cup C) = (A \cap B) \cup (A \cap C)$

$A \cup (B \cap C) = (A \cup B) \cap (A \cup C)$

$A \cap (A \cup B) = A$; $A \cup (A \cap B) = A$

Exemplos:

a) Se A = {1,2,3,5} e B = {1,3,5,7}, então:
$A \cap B = \{1,3,5\}$

b) Se P = {0,2,4,6,...} e Q = {1,3,5,7,...}, então:
$P \cap Q = \{\ \}$

c) Se D = {1,3,5} e F = {1,3}, então:
$D \cap F = \{1,3\} = F$

A interseção de um conjunto com qualquer subconjunto seu sempre resultará no seu subconjunto conjunto.

Diferença

Sejam dois conjuntos quaisquer A e B. Chama-se diferença de A e B ao conjunto formado pelos elementos que pertençam a A e não pertençam a B. Isto é, aqueles elementos que pertencem exclusivamente a A. Indica-se a diferença de A e B por:

$A - B$, que se lê: Diferença entre A e B

Formalmente define-se diferença por:

$$A - B = \{x \mid x \in A \text{ e } x \notin B\}$$

A representação da União através do diagrama de Veen é a seguinte:

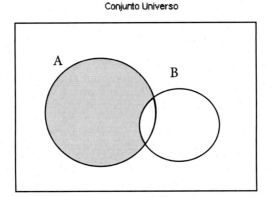

Conjunto Universo

66 | *Noções de Lógica e Matemática Básica*

Note que a área que contém elementos que pertencem somente a A representa a diferença entre A e B. Observe que as considerações abaixo são válidas para todo e qualquer conjunto com relação à operação Diferença:

$$A - Universo = \phi$$
$$A - \phi = A$$
$$A - A = \phi$$
$$A - B \neq B - A$$
$$A - B = \phi \quad (A \subset B)$$
$$A - B = A \quad A \text{ e } B \text{ disjuntos}$$

Exemplos:

a) Se $A = \{1,2,3,5\}$ e $B = \{1,3,5,7\}$, então:

$$A - B = \{2\}$$

b) Se $P = \{0,2,4,6,...\}$ e $Q = \{1,3,5,7,...\}$, então:

$$P - Q = \{0,2,4,6,...\}$$

c) Se $D = \{1,3,5\}$ e $F = \{1,3\}$, então:

$$D - F = \{5\}$$
$$F - D = \phi$$

Complemento

Seja um conjunto qualquer A em um dado universo de discurso. Chama-se Complemento de A ao conjunto formado pelos elementos que pertençam ao conjunto Universo e não pertençam a B. Isto é, aqueles elementos que não pertencem a A. Indica-se o complemento de A por:

$$\overline{A} \quad ou \quad A', \text{ que se lê: Complemento de A}$$

Formalmente define-se complemento por:

$$\overline{A} = \{x \mid x \notin A\}$$

Capítulo 3 – Noções sobre a Teoria Geral dos Conjuntos | **67**

A representação do Complemento através do diagrama de Veen é a seguinte:

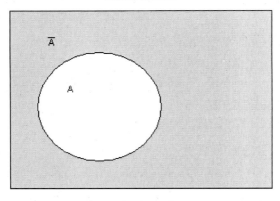

Note que a área externa ao conjunto A e contida dentro do Universo representa o complemento de A. Observe que as considerações abaixo são validas para todo e qualquer conjunto com relação à operação Complemento:

$$\overline{Universo} = \phi \quad e \quad \overline{\phi} = Universo$$

$$\overline{\overline{A}} = A$$

$$A \text{ Y } \overline{A} = Universo$$

$$A \text{ I } \overline{A} = \phi$$

$$\overline{A \text{ Y } B} = \overline{A} \text{ I } \overline{B} \quad e \quad \overline{A \text{ I } B} = \overline{A} \text{ Y } \overline{B}$$

Exemplos:

a) Se A = {1,2,3,5} e U= {1,2,3,4,5,6,7}, então:

$\overline{A} = \{4,6,7\}$

b) Se P = {0,2,4,6,...} e U = {0,1,2,...}, então:

$\overline{P} = \{1,3,5,...\}$

Diagrama de Veen • no Estudo de Conjuntos

Em muitas situações os conjuntos são descritos graficamente através de Diagramas de Veen. Nesses casos também é possível realizar operações entre conjuntos através da aplicação de um método gráfico. Quando foram apresentadas as quatro operações fundamentais, o efeito do operador sobre o diagrama de Veen também foi apresentado. A solução gráfica, portanto, consiste em combinar os efeitos produzidos pelos operadores (união, interseção, diferença e complemento) sobre uma ou mais diagramas.

Exemplos:

1. Dados os conjuntos A,B e C representados abaixo pelo diagrama de Veen. Destaque na figura a solução para a expressão:

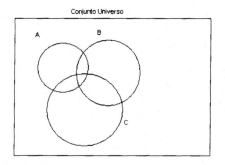

a) $(A \cap B) \cup (A \cap C)$

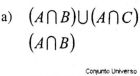

$(A \cap B)$ $\qquad$ $(A \cap C)$

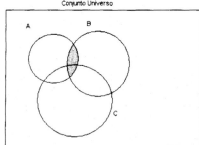 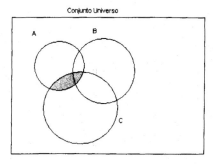

Capítulo 3 – Noções sobre a Teoria Geral dos Conjuntos | 69

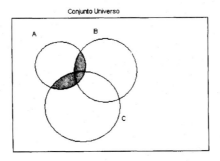

Unindo-se as duas figuras anteriores, tem-se a solução do problema.

b) $A \cap B \cap C$

$(A \cap B)$ $\qquad$ C

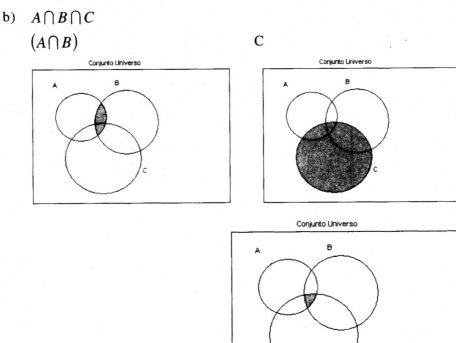

A interseção de A, B e C, portanto será a área comum aos dois diagramas anteriores.

c) $A \cap \overline{B}$

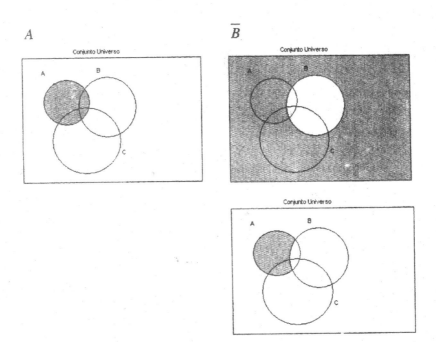

A interseção será, portanto a área comum as duas figuras anteriores.

Pode-se demonstrar que $n(A \cup B) = n(A) + n(B) - n(A \cap B)$, onde "$n(A)$ representa o número de elementos que o conjunto A possui.

Exercícios

1. Sendo U={1,2,3,4,5,6,7,8,9}, A={1,3,5,7,9}, B={2,4,6,8} e C={1,2,3,4,5}, calcule:

a) $A \cup C$
b) $B \cup C$
c) $A \cap B$
d) $A \cap C$
e) $A - C$
f) $C - A$
g) $A - B$
h) $B - A$
i) $\overline{A}$
j) $\overline{C}$
k) $\overline{A \cup B}$
l) $\overline{A \cap C}$
m) $\overline{A - B}$
n) $\overline{A - C}$
o) $(A - B) \cap C$
p) $(A - C) \cap (B - C)$

Capítulo 3 – Noções sobre a Teoria Geral dos Conjuntos | 71

Respostas:

a) {1,2,3,4,5,7,9}   g) {1,3,5,7,9}   m) {2,4,6,8}

b) {1,2,3,4,5,6,8}   h) {2,4,6,8}   n) {1,2,3,4,5,6,8}

c) {}   i) {2,4,6,8}   o) {1,3,5}

d) {1,3,5}   j) {6,7,8,9}   p) {}

e) {7,9}   k) {}

f) {2,4}   l) {2,4,6,7,8,9}

2. Sendo A={1,2,4,5}, B={7,6,5,4,3} e C={1,3}, obtenha:

a) $A \cup B$ e) $A \cap B \cap C$ i) $B - A$

b) $A \cup C$ f) $(A \cup B) \cap C$ j) $A - C$

c) $B \cup C$ g) $(A \cap B) \cup C$ k) $(A - C) \cap A$

d) $A \cup B \cup C$ h) $A - B$ l) $(A \cup C) - B$

Respostas:

a) {1,2,3,4,5,6,7}   e) {}   i) {3,6,7}

b) {1,2,3,4,5}   f) {1,3}   j) {2,4,5}

c) {1,3,4,5,6,7}   g) {1,3,4,5}   k) {2,4,5}

d) {1,2,3,4,5,6,7}   h) {1,2}   l) {1,2}

3. Sejam U={0,1,2,3,4,5,6,7,8,9,10}, A={1,3,5,9}, B= {0,2,4,8} e C={7,9,10}.
   Obtenha cada um dos conjuntos:

a) $A \cap B$ d) $\overline{A} \cap \overline{B}$ g) $A \cap \overline{B} \cap \overline{C}$

b) $A \cup B$ e) $(A \cup B) \cap (A \cup \overline{C})$ h) $(A \cup \overline{A}) \cap B$

c) $B \cap C$ f) $A \cup \phi$

Respostas:

a) {}   d) {6,7,10}   g) {1,3,5}

b) {0,1,2,3,4,8,9}   e) {0,1,2,3,4,8,9}   h) {0,2,4,8}

c) {}   f) {}

4. Dados os conjuntos A, B e C no diagrama abaixo, hachure a área que corresponde ao resultado das operações a seguir:

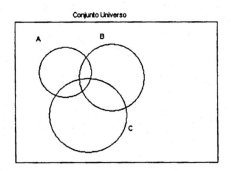

a) $A-(B-C)$
b) $(A\cap B)-C$
c) $(A\cap B)\cup(B\cap C)$
d) $\overline{A}\cup(B\cap C)$
e) $\overline{A}\cap\overline{B}\cap C$
f) $\overline{(A-B)}\cap C$

5. Dados os diagramas a seguir hachure $A\cap B, A\cup B\quad A-B$:

a)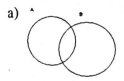
b)
c)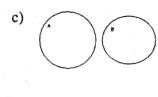

Conjuntos Numéricos

A história dos números acompanha a evolução da humanidade. Na medida em que o ser humano foi criando noções primitivas de enumeração e contagem, bem como a representação gráfica dos algarismos, foram então desenvolvidas os fundamentos da Matemática.

História Primitiva das Noções de Número e Contagem

O homem primitivo vivia em pequenas comunidades, geralmente habitando em grutas e cavernas que lhe proporcionavam segurança e conforto. Essa sociedade primitiva possuía papéis bem definidos entre homens e mulheres. Para a sua

Capítulo 3 – Noções sobre a Teoria Geral dos Conjuntos | 73

subsistência, o homem retirava da natureza seu alimento, utilizando-se da caça ou da colheita de frutos e sementes. Antes mesmo da invenção da escrita, o homem sentiu a necessidade natural de contar. Associações elementares entre animais abatidos, sementes contadas e peixes pescados a riscos em um pedaço de madeira foram uma das primeiras tentativas de se registrar quantidades que possibilitassem a contagem de elementos.

Conta-se também que um pastor primitivo tinha bem claro e definido uma necessidade: ao amanhecer, ele levava as ovelhas para pastar. Ao anoitecer ele recolhia as ovelhas, guardando-as dentro de um local cercado. O problema que se punha era como controlar o rebanho? Como saber se alguma ovelha se desgarrou ou foi abatida? Utilizando sua capacidade de abstração, ele associou pedras às ovelhas de modo a estabelecer uma equivalência direta entre essas. Desta maneira, cada ovelha que saía para pastar era associada a uma pedra e colocada em um saquinho. No final do dia, à medida que as ovelhas entravam no cercado, ele ia retirando as pedras do saquinho. Assim, se sobrasse alguma pedra no saquinho, era um sinal que alguma ovelha se desgarrou ou foi abatida. Obviamente que uma grande felicidade tomava conta do pastor caso faltassem pedras, pois o mesmo "ganhou" alguma ovelha.

Uma curiosidade: cálculo, que em latim quer dizer contas com pedras. Portanto a palavra calcular tem sua origem devido essa associação elementar estabelecida pelos pastores primitivos.

História da Inversão do Algarismo

No ano de 825 d.C. o trono do Império Árabe era ocupado pelo Califa *al-Mamum*. Ele tinha interesse que seu reino se transformasse em um grande centro de ensino, dominando todas as áreas do conhecimento humano. E para atingir esse objetivo, contratou e trouxe para Bagdá os grandes sábios muçulmanos daquela época. Entre eles estava *al-Khowarizmi*, o maior matemático árabe de todos os tempos, e foi a ele destinada a função de traduzir para o árabe os livros de matemática vindos da Índia. Em uma dessas traduções *al-Khowarizmi* se deparou com aquilo que ainda hoje é considerada a maior descoberta no campo

74 | *Noções de Lógica e Matemática Básica*

da matemática: O Sistema de Numeração Decimal. *al-Khowarizmi* ficou tão impressionado com a utilidade daqueles dez símbolos, hoje conhecidos como: 0, 1, 2, 3, 4, 5, 6, 7, 8 e 9, que escreveu um livro explicando como funciona esse sistema. Através desse livro Sobre a Arte Hindú de Calcular matemáticos de todo o mundo ficaram conhecendo o Sistema Decimal. O termo *algarismo* usado para denominar os símbolos de 0 a 9 é uma homenagem a esse matemático árabe que mostrou a humanidade a utilidade desses dez e magníficos símbolos. Observe a semelhança entre *algarismo* e *al-Khowarizmi*.

(Fonte: Internet www.hmat.hpg.ig.com.br)

História dos Números Naturais

No século VI foram fundados na Síria alguns centros de cultura grega. Consistiam numa espécie de clube onde os sócios se reuniam para discutir exclusivamente a arte e a cultura Graga. Ao participar de uma conferência em um destes clubes, em 662, o bispo sírio Severus Sebokt, profundamente irritado com o fato de as pessoas elogiarem qualquer coisa vinda dos gregos, explodiu dizendo:

> *"Existem outros povos que também sabem alguma coisa! Os hindus, por exemplo, têm valiosos métodos de cálculos. São métodos fantásticos! E imaginem que os cálculos são feitos por meio de apenas nove sinais!".*

A referência a nove, e não a dez símbolos, significa que o passo mais importante dado pelos hindus para formar o seu sistema de numeração - a invenção do zero - ainda não tinha chegado ao Ocidente. A idéia dos hindus de introduzir uma notação para uma posição vazia - um ovo de ganso, redondo - ocorreu na Índia, no fim do século VI. Mas foram necessários muitos séculos para que esse símbolo chegasse à Europa. Com a introdução do décimo sinal - o zero -, o sistema de numeração tal qual o conhecemos hoje estava completo.

(Fonte: Internet www.hmat.hpg.ig.com.br)

Capítulo 3 – Noções sobre a Teoria Geral dos Conjuntos | **75**

Conjunto dos Números Naturais

Considerando o contexto histórico apresentado anteriormente surgiu então o primeiro conjunto numérico: o conjunto dos números naturais. Costuma-se representar o conjunto dos números naturais como N. Portanto o conjunto dos números naturais é aquele formado por:

$$N = \{0, 1, 2, 3, 4, 5, ...\}$$

$$0 \quad 1 \quad 2 \quad 3 \quad 4 ...$$

Se o zero for excluído do conjunto dos números naturais, indica-se esse conjunto por N^*.

$$N = \{1, 2, 3, 4, 5, ...\}$$

Tendo como base o conjunto dos números naturais, as operações matemáticas foram surgindo. A primeira operação a surgir foi a de adição. Observe que se for executada a soma de dois números naturais quaisquer, o resultado continuará sendo um número natural. A essa propriedade, dá-se o nome de fechamento. Ou seja, em relação à operação adição, o conjunto dos números naturais é um conjunto fechado.

Conjunto dos Números Inteiros

Com a evolução do conhecimento humano, a operação de subtração começou a ser aplicada. Ao se subtrair, por exemplo, 8-5, a resposta é 3, portanto um número natural. Porém o que ocorre quando se subtraem os números, por exemplo, 5-7? A resposta não está dentro do conjunto dos números naturais. Essa situação é, portanto uma exceção e por muito tempo ficou sem solução. Depois de várias tentativas frustradas, os matemáticos conseguiram encontrar um símbolo que permitisse operar com esse novo número. Isso se deu observando como os comerciantes indicavam a retirada e o acréscimo de grãos nas sacas dentro de suas bodegas. Por exemplo, se um comerciante tinha em seu armazém duas sacas de milho de 50 quilogramas cada, se ao findar o dia ele tivesse vendido 8 quilogramas, então fazia uma marcação que faltavam 8 quilogramas naquela saca. Para indicar a falta, ele escrevia o número 8 precedido por um traço

(-8). Mas se ele resolvesse despejar em um outro saco os 3 quilogramas de milho que restavam, então ele escrevia o número 3 com dois traços cruzados na frente (+3), indicando que foi acrescida à quantidade inicial 2 quilogramas.

Os matemáticos aproveitaram-se desse expediente e criaram o número com sinal: Positivo (+) ou Negativo (-).

Assim sendo, devido inexistência da noção de números negativos no conjunto dos números Naturais, foi necessário estender-se esse conjunto para inclusão destes, formando o conjunto dos números Inteiros. Costuma-se representar o conjunto dos números naturais como Z. Portanto o conjunto dos números inteiros é aquele formado por:

$$Z = \{..., -3, -2, -1, 0, 1, 2, 3, ...\}$$

... -4 -3 -2 -1 0 1 2 3 4 ...

Observe que o conjunto dos números naturais está contido no conjunto dos números inteiros. Além disso, o conjunto dos números inteiros é fechado em relação às operações matemáticas de adição, subtração e multiplicação. Com o surgimento da operação de divisão, novamente uma situação de exceção apareceu. O que ocorre quando se realiza a operação 2/5? Mais uma vez na história da matemática o homem proporcionou a resolução dessa exceção.

Para solucionar o problema da medição das terras, os egípcios criaram um novo tipo de número, o número fracionário que era representado com o uso de frações. Os egípcios entendiam a fração somente como uma unidade, portanto, utilizavam apenas frações unitárias, isto é, com numerador igual a um (1). A escrita dessas frações era feita colocando um sinal oval sobre o denominador. No Sistema de Numeração usado pelos egípcios os símbolos se repetiam com muita

Capítulo 3 – Noções sobre a Teoria Geral dos Conjuntos | 77

freqüência, tornando os cálculos com números fracionários muito complicados. Com a criação do Sistema de Numeração Decimal, pelos hindus, o trabalho com as frações tornou-se mais simples, e a sua representação passou a ser expressa pela razão de dois números.

Conjunto dos Números Racionais

Assim sendo, devido inexistência da noção de números fracionários no conjunto dos números Inteiros, foi necessário estender esse conjunto para inclusão destes, formando o conjunto dos números Racionais. Costuma-se representar o conjunto dos números naturais como Q. Portanto o conjunto dos números racionais é aquele formado por:

$$Q = \left\{ \frac{a}{b} \mid \quad a \in Z \quad e \quad b \in Z^* \right\}$$

Observe que o conjunto dos números naturais está contido no conjunto dos números inteiros e este, por sua vez, está contido dentro do conjunto dos números racionais. Além disso, o conjunto dos números racionais é fechado em relação às operações matemáticas de adição, subtração, multiplicação, divisão e potenciação. Com o surgimento da operação de radiciação, novamente uma situação de exceção apareceu. O que ocorre quando se realiza a operação $\sqrt{2}$? O resultado é um número com infinitas casas decimais e que não pode ser escrito na forma de uma fração (observe que as dízimas são números com uma infinidade de casas decimais, porém essas podem ser escritas na forma fracionária). Além disso, na história da matemática a humanidade já havia se deparado com números que apresentavam essa mesma característica, por exemplo o número π (pí) descoberto pelos egípcios.

Conjunto dos Números Racionais

As exceções que não podiam ser representadas na forma de fração foram então agrupadas em um outro conjunto chamado de conjunto dos números Irracionais. Ou seja, aqueles que não podem ser escritos na forma racional. Costuma-se representar o conjunto dos números Irracionais por *IR*.

Portanto o conjunto dos números Irracionais é aquele formado por:

$$R = \{x \mid x \notin Q\} = \{\sqrt{2}, \sqrt{3}, \sqrt{5}..., \pi, e,...\}$$

Conjunto dos Números Reais

A operação de união aplicada sobre os conjuntos Q e *IR* criou um novo conjunto amplo, o qual contém os demais e que é utilizado como base para o estudo da matemática elementar: o conjunto dos números reais. Note que todo número natural é também inteiro, que por sua vez também é racional e, por conseguinte, um número real. Assim sendo:

$$N \subset Z \subset Q \subset R$$

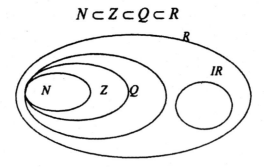

Costuma-se representar os conjuntos numéricos através de uma reta, na qual cada ponto (lembrar que uma reta possui infinitos pontos) é associado a um valor do conjunto. Assim sendo, o conjunto dos números reais pode ser representado graficamente por:

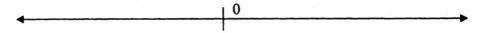

Valores negativos são representados à esquerda do zero e valores positivos a direta da origem.

Capítulo 3 – Noções sobre a Teoria Geral dos Conjuntos | **79**

Exercícios

1. Assinale V para verdadeiro e F para falso para as sentenças a seguir:

( ) $2\pi \in Q$ ( ) $\dfrac{2}{5} \in Z$ ( ) $-2 \in Z$ ( ) $(\pi+1) \in IR$

( ) $e \in Q$ ( ) $\sqrt{7} \in N$ ( ) $\sqrt{-1} \in R$ ( ) $\sqrt{4} \in Q$

( ) $\pi^2 \in IR$ ( ) $\sqrt{-4} \in Q$ ( ) $0 \in N^*$ ( ) $\sqrt{1} \in Q$

( ) $\sqrt{\dfrac{16}{25}} \in Q$ ( ) $\dfrac{\pi}{e} \in Q$ ( ) $-\dfrac{9}{3} \in Z$

Respostas:

1ª. Linha F, F, V, V.

2ª. Linha F, F, F, V.

3ª. Linha V, F, F, V.

4ª. V, F, V.

2. Resolva, no <u>universo dos números Inteiro</u>, a equação do 1º grau:

a) $3.(x-2) = 4x - 4$

b) $-4(3-x) - 2 = 2(x-1) - 6$

c) $-2x = -6$

d) $-2x + 1 = -7$

e) $3(x-2) = 3$

f) $2(x+1) - 4 = 2 + x$

g) $-2(x+2) = -4$

h) $\dfrac{(x-1)}{3} + \dfrac{5x}{3} = \dfrac{5}{3}$

i) $\dfrac{4(x+3)}{10} - \dfrac{2x}{10} = 4$

j) $\dfrac{3}{2}(1+y) + \dfrac{4}{3}(y-2) = 3$

Respostas:

a) -2

b) -1

c) 3

d) 4

e) 3

f) 4

g) 0

h) 1

i) 14

j) $\not\exists\, x \in Z$

80 | *Noções de Lógica e Matemática Básica*

3. Resolva, no universo real, as equações:

a) $\dfrac{x-1}{4} + \dfrac{x}{3} = \dfrac{-1}{4}$

b) $\dfrac{x+1}{5} + \dfrac{x-2}{2} = 2$

c) $\dfrac{3x+2}{4} - \dfrac{x-2}{3} = 2$

d) $\dfrac{2x+1}{6} + \dfrac{x}{3} = \dfrac{x-1}{4}$

e) $\dfrac{-10x}{3} + 5x = \dfrac{13-x}{2}$

f) $\dfrac{x-4}{4} + \dfrac{3x-1}{3} = 1$

g) $\dfrac{2x-1}{8} - \dfrac{x-4}{5} = x+2$

h) $\dfrac{2m}{5} - \dfrac{5+2m}{3} = -1 + \dfrac{2-m}{4}$

Respostas:

a) 0

b) 4

c) 2

d) -1

e) 3

f) 28/15

g) -53/38

h) -70

4. Resolva, no universo real, as seguintes equações do 2º grau:

a) $x^2 - 6x + 8 = 0$

b) $x^2 - 7x + 12 = 0$

c) $t^2 + 6.t - 7 = 0$

d) $x^2 - 4x + 4 = 0$

e) $x^2 - x + 3 = 0$

f) $-x^2 + 3x - 2 = 0$

g) $-m^2 + 4m = 0$

h) $t^2 - 6t + 9 = 0$

i) $t^2 - 8t + 15 = 0$

j) $x^2 - 10x = -16$

k) $x^2 - 6x = 0$

l) $x^2 - 25 = 0$

Respostas:

a) {2,4}   e) Não existe,   i) {3,5}
b) {3,4}   f) {1,2}   j) {2,8}
c) {1,-7}   g) {0,4}   k) {0,6}
d) {2,2}   h) {3,3}   l) {-5,+5}

Intervalos Numéricos

Chama-se de intervalos numéricos aos subconjuntos do conjunto dos números reais R. Sejam "a" e "b" dois valores reais, tal que a < b. Os intervalos são denominados:

- Aberto:]a, b[= $\{x \in R \mid a < x < b\}$, cuja representação geométrica é:

- Fechado: [a, b] = $\{x \in R \mid a \leq x \leq b\}$, cuja representação geométrica é:

- Semi-aberto à esquerda:]a, b] = $\{x \in R \mid a < x \leq b\}$, cuja representação geométrica é:

- Semi-aberto à direita: [a, b[= $\{x \in R \mid a \leq x < b\}$, cuja representação geométrica é:

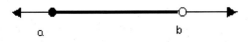

Esses intervalos são finitos (embora contenham infinitos números reais entre os extremos "a" e "b"). Existem alguns intervalos cujo um dos extremos se encontra no infinito. Esses intervalos são chamados de intervalos infinitos, a saber:

-] a , ∞[= $\{ x \in R \mid x > a \}$, cuja representação geométrica é:

- [a , ∞[= $\{ x \in R \mid x \geq a \}$, cuja representação geométrica é:

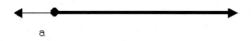

-] - ∞, b [= $\{ x \in R \mid x < b \}$, cuja representação geométrica é:

-] - ∞, b] = $\{ x \in R \mid x \leq b \}$, cuja representação geométrica é:

Por fim, todo o conjunto R pode ser identificado como sendo o intervalo,

-] - ∞, ∞[= $\{ x \in R \mid -\infty < x < +\infty \}$, cuja representação geométrica é:

Observe que, como - e + são extremos não são determinados, ou seja, não se representam esses extremos NUNCA como extremos fechados. Portanto, lembre-se que os extremos - e + são sempre abertos.

Como os intervalos são subconjuntos, pode-se aplicar as mesmas operações entre conjuntos apresentadas anteriormente sobre eles. Porém como os intervalos são conjuntos infinitos (infinitos elementos contidos neles), então as operações entre eles devem ser feitas de modo gráfico, a partir da representação geométrica apresentada anteriormente.

Exemplo:
1. Opere os subconjuntos indicados abaixo:

   a) $[2,5] \cup [3,7] = [2,7] = \{x \in R \mid 2 \leq x \leq 7\}$

   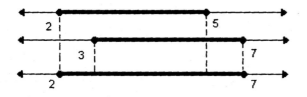

   b) $[0,3[\cup]1,5] = [0,5] = \{x \in R \mid 0 \leq x \leq 5\}$

   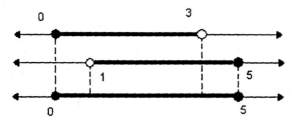

   c) $]2,5[\cap]3,7[=]3,5[= \{x \in R \mid 3 < x < 5\}$

   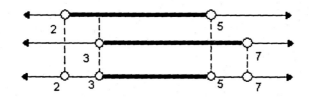

   d) $[-1,3] \cap]1,6[=]1,3] = \{x \in R \mid 1 < x \leq 3\}$

   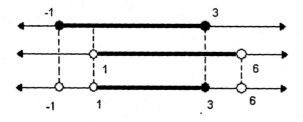

e) $]2,5[- [3,7] =]2,3[= \{x \in R \mid 2 < x < 3\}$

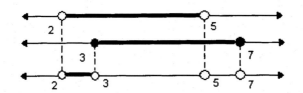

2. A variável x descreve o lucro que uma companhia espera obter durante o atual ano fiscal. O planejamento dos negócios requer um lucro de pelo menos 5 milhões de dólares. Descreva este aspecto do planejamento dos negócios na linguagem dos intervalos.

Solução:

O planejamento dos negócios requer $x \geq 5$ (em que a unidade é milhões de dólares). Isto equivale a dizer que x pertence ao intervalo $[5, +\infty[$.

Exercícios

1. Dados os intervalos A = [-1 , 3] e B =] 1, 5 [, encontre os conjuntos:
   a) $A \cup B$
   b) $A \cap B$
   c) $B - A$
   d) $A - B$

Respostas:
   a) [-1, 5[
   b)]1,3]
   c)]3,5[
   d) [-1,1]

Capítulo 3 – Noções sobre a Teoria Geral dos Conjuntos | **85**

2. Dados os intervalos A = [0 , 2 [, B =] -1 , 3 [e C = [-2 , 4], encontre:

   a. $A \cap (B \cup C)$

   b. $(A - B) \cap C$

   c. $(A - B) \cup (B - C)$

   d. $(A \cup B) \cup (B \cap C)$

Respostas:

   a) [0,2[

   b) { }

   c) { }

   d)]-1,3[

Produto Cartesiano

Dados dois conjuntos, A e B, chama-se de produto cartesiano de A por B (ou A cartesiano B), ao conjunto dos pares ordenados cujos primeiros elementos pertencem ao conjunto A e cujos segundos elementos pertencem a B, isto é:

$$A \times B = \{(x, y) | x \in A \quad e \quad y \in B\}$$

Representa-se o produto cartesiano de A por B por $A \times B$. Se $n(A)$ é o número de elementos que o conjunto A possui e $n(B)$ é o número de elementos que o conjunto B possui, então o número de pares do produto cartesiano de A por B, $n(A \times B)$, será:

$$n(A \times B) = n(A) \cdot n(B)$$

Observa-se que $A \times B \neq B \times A$, pois o par (x,y) é diferente de (y,x). Além disso, $A \times \phi = \phi$.

Exemplos:

a) Sejam os conjuntos A = {1, 2} e B={3, 4, 5}, então:

$$A \times B = \{(1,3), (1,4), (1,5), (2,3), (2,4), (2,5)\}$$

b) Sejam os conjuntos A = {2, 4} e B={a, b}, então:

$$A \times B = \{(2,a), (2,b), (4,a), (4,b)\}$$

Plano Cartesiano

Este nome é em homenagem ao grande matemático francês René Descartes (Renatus Cartesius em Latim).

Aqui em nosso livro vamos utilizar apenas as coordenadas cartesianas planas (duas dimensões) e ortogonais, e isto nos leva a um sistema de eixos x e y, perpendiculares, que têm a mesma origem comum, conforme ilustrado a seguir:

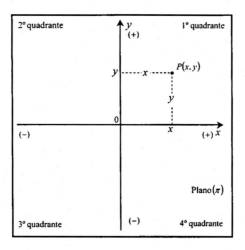

A localização de um ponto P qualquer de uma plano (π) genérico, fica então perfeitamente determinada através de suas coordenadas x (abscissa) e y (ordenada), e a representação genérica é $P(x, y)$. No caso presente o ponto genérico foi representado no 1º quadrante, onde $x > 0$ e $y > 0$ mas, de um modo geral temos:

$$\begin{cases} x > 0 \text{ e } y > 0 \Rightarrow 1º \text{ quadrante} \\ x < 0 \text{ e } y > 0 \Rightarrow 2º \text{ quadrante} \\ x < 0 \text{ e } y < 0 \Rightarrow 3º \text{ quadrante} \\ x > 0 \text{ e } y < 0 \Rightarrow 4º \text{ quadrante} \end{cases}$$

Temos também que se

$x = 0 \Rightarrow$ ponto situado no eixo y

$y = 0 \Rightarrow$ ponto situado no eixo x

$x = y = 0 \Rightarrow$ ponto situado na origem

Os pares ordenados de um produto cartesiano podem ser graficamente representados utilizando-se o Plano Cartesiano.

Exemplo:

Considere o produto cartesiano do exemplo 1, descrito anteriormente. A sua representação gráfica no plano cartesiano seria:

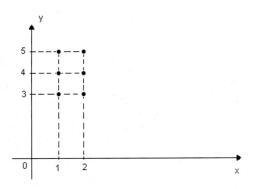

Outra forma de representar o produto cartesiano entre A e B é através de diagramas:

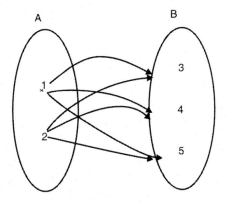

Noções de Lógica e Matemática Básica

Exercícios

1. Dados os conjuntos A = { 0,1 } , B = { 2,3 }, C = { a,b,c }, D = { x,y,z } e E = { 1,2,3 }. Encontre o produto cartesiano:

   a) $A \times B$

   b) $B \times C$

   c) $C \times D$

   d) $B \times D$

   e) $(A \cap E) \times B$

   f) $(A \times B) \cup (B \times E)$

   g) $(A \cap E) \times (B \cap E)$

Respostas:

   a) $\{(0,2),(0,3),(1,2),(1,3)\}$

   b) $\{(2,a(,(2,b),(2,c),(3,a),(3,b),(3,c)\}$

   c) $\{(a,x),(a,y),(a,z),(b,x),\ (b,y),(b,z),(c,x),(c,y),(c,z)\}$

   d) $\{(2,x),(2,y),(2,z),(3,x),(3,y),(3,z)\}$

   e) $\{(1,2),(1,3)\}$

   f) $\{(0,2),(0,3),(1,2),\ (1,3),(2,1),(2,2),(2,3),(3,1),(3,2),(3,3)\}$

   g) $\{\{1,2),(1,3)\}$

Relações Numéricas

Na matemática, assim como em outras ciências, são estabelecidos muitas vezes relacionamentos entre objetos. Esses objetos podem ser agrupados em conjuntos e os relacionamentos entre eles podem ser descritos através das relações numéricas. Chama-se de relação numérica de A em B a todo e qualquer conjunto de pares ordenados que seja um subconjunto de $A \times B$. Portanto S é uma relação de A em B se:

$$S \subset A \times B$$

Exemplo:

Sejam os conjuntos A = {1,2,3} e B = {2,3,4,5}, e seja S = . Tem-se então que:

X	Y
1	y = 1+1 =2
2	y = 2+1 =3
3	y = 3+1 =4

Assim sendo, pode-se descrever S em termos de pares ordenados como sendo:
$$S = \{(1,2),(2,3),(3,4)\}$$
O produto cartesiano de A por B é:
$$A \times B = \{(1,2),(1,3),(1,4),(1,5),(2,2),(2,3),(2,4),(2,5),(3,2),(3,3),(3,4),(3,5)\}$$
$$\{(x,y) \in A \times B \mid y = x+1\}$$

a) Observa-se que $S \subset A \times B$, portanto S é uma relação de A em B.

Assim como o produto cartesiano pode ser representado no plano cartesiano através de pontos, o mesmo pode ser feito com uma relação numérica.

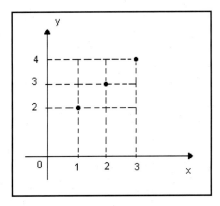

90 | *Noções de Lógica e Matemática Básica*

Exercícios

1. Verifique se os conjuntos de pares ordenados abaixo representam ou não relações de A em B, sendo A={1,2,4} e B = {2,6}:

   a) R1 = {(1,2),(1,4),(2,2),(2,6)}

   b) R2 = {(1,6),(2,2),(4,2),(2,6)}

   c) R3= {(1,2),(1,4),(2,2),(2,6)}

   d) R4= {(2,2),(2,4),(6,4),(2,1)}

   e) R5= {(1,2),(2,6),(4,6)}

   f) R6= {(2,6),(1,2),(2,6),(4,6)}

Respostas:

   a) Não.   d) Não.

   b) Sim.   e) Sim.

   c) Não.   f) Sim.

2. Sendo A = {1,3,5,6,9} e B = {0,1,2,...,9} e sendo S = $\{(x, y) \in A \times B \mid y = 2x - 3\}$ uma relação de A em B, escreva o conjunto de pares cartesianos que representa a relação S. Represente o resultado utilizando o plano cartesiano.

Respostas:

   a) S = {(3,3),(5,7),(6,9)}.

Aplicações Práticas

Qualquer elemento que possua pelo menos uma característica em comum pode ser representado na forma de conjunto. A seguir, encontram-se alguns problemas que podem ser visualizados e resolvidos utilizando a teoria estudada neste segundo capítulo.

1. Um agricultor de 39 filas de pereiras, cada uma com 26 árvores.

   a) Se uma árvore média produz 15 caixas de pêras, quantas caixas de pêras espera o agricultor colher de todas as árvores.

b) Se a caixa de pêras pode ser vendida por 4,25 dólares, qual a receita esperada pelo agricultor para a colheita.

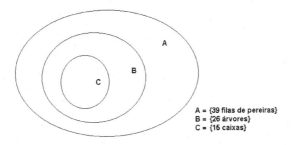

Respostas:

a) Observa-se pela representação que C Ì B Ì A, logo o conjunto A terá 15210 caixas de pêras.

b) Cerca de 65.000 dólares (arredondamento de 64.642,50 dólares).

2. Os teoremas de probabilidade podem ser representados por diagramas, visando a facilidade de entendimento do fenômeno estudado e posterior resolução. No exemplo do teorema da soma, se A e B são dois eventos quaisquer, então:

P(AÈB) = P(A) + P(B) - P(AÇB). Suponha que em uma pesquisa feita pela sua empresa com 600 pessoas de uma comunidade, verificou-se que 200 lêem o jornal A, 300 lêem o jornal B e 150 lêem os jornais A e B. Qual a probabilidade de, sorteando-se uma pessoa ao acaso, ela ser leitora do jornal A ou do jornal B?

Resposta:

Para melhor visualização do problema constrói-se o diagrama representativo:

Agora basta colocar cada elemento no seu respectivo lugar na fórmula para

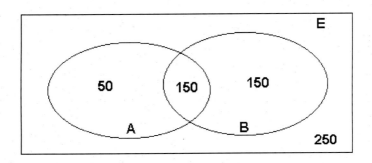

92 | *Noções de Lógica e Matemática Básica*

determinar a probabilidade pedida:

$$P(A \cup B) = P(A) + P(B) - P(A \cap B) = \frac{n(A)}{n(E)} + \frac{n(B)}{n(E)} - \frac{n(A \cap B)}{n(E)} = \frac{200}{600} + \frac{300}{600} - \frac{150}{600} = 58,33\%$$

Logo, a probabilidade de sorteando-se uma pessoa ao acaso, ela ser leitora do jornal A ou do jornal B é de 58,33%.

Capítulo 4

Noções Básicas de Probabilidade

Neste capítulo serão abordadas algumas noções básicas de probabilidade. Devido ao fato deste tema ser uma junção de teoria dos conjuntos e noções sobre lógica, será estudado com o intuito de desenvolver ainda mais o raciocínio lógico do aluno.

Para estudar adequadamente os fenômenos que, mesmo em condições normais de experimentação, variam de uma observação para outra, chamados fenômenos aleatórios, faz-se uso de um modelo matemático probabilístico. Neste caso, o modelo utilizado será o cálculo das Probabilidades.

Experimento Aleatório

Para entender melhor a caracterização do que são estes experimentos, observaremos o que há em comum nos seguintes experimentos:

E_1 → retirar uma carta de um baralho de 52 cartas e observar seu "naipe";

E_2 → jogar um dado e observar o número mostrado na face de cima;

E_3 → retirar, com ou sem reposição, bolas de uma urna que contém 3 bolas vermelhas e 5 pretas;

E_4 → jogar uma moeda 5 vezes e observar o número de caras obtidas.

94 | *Noções de Lógica e Matemática Básica*

Fazendo uma análise de cada um desses experimentos, observamos que:

Cada experimento poderá ser repetido indefinidamente sob as mesmas condições;

Não se conhece, a priori, um particular valor do experimento, entretanto, pode-se prever todos os possíveis resultados;

Espaço Amostral

Para cada experimento aleatório E, define-se espaço amostral S o conjunto de todos os possíveis resultados desse experimento.

Exemplos:

1. E = jogar duas moedas e observar o resultado.

    S = {(c, c), (c, k), (k, c), (k, k)}, onde c =cara e k = coroa.

2. E = jogar um dado e verificar a face de cima.

    S = {1, 2, 3, 4, 5, 6}

Vale ressaltar que sendo S um conjunto, este poderá ser finito ou infinito. Neste livro abordaremos apenas os conjuntos finitos.

Evento

Evento é um conjunto de resultados de um experimento. Em se tratando de conjuntos, é um subconjunto do espaço amostral S.

Usando as operações com conjuntos, vista nos capítulos anteriores, pode-se formar novos eventos da seguinte maneira:

I) $A \cup B$ é o evento que ocorre se A ocorre ou B ocorre ou ambos ocorrem;

II) $A \cap B$ é o evento que ocorre se A e B ocorrem;

III) $\overline{A}$ é o evento que ocorre se A não ocorre.

Eventos Mutuamente Exclusivos

Dois eventos são denominados mutuamente exclusivos se eles não puderem ocorrer simultaneamente, ou seja, $A \cap B = \phi$.

Definição de Probabilidade

Dado um experimento aleatório E e seu espaço amostral S, a probabilidade de um evento A, denominada por $P_{(A)}$, é uma função definida em S que associa a cada evento um número real, satisfazendo os seguintes axiomas:

I) $0 \le P_{(A)} \le 1$

II) $P_{(S)} = 1$

III) Se A e B forem eventos mutuamente exclusivos, então $P_{(A \cup B)} = P_{(A)} + P_{(B)}$

Probabilidades Finitas dos Espaços Amostrais Finitos

Seja $S = \{a_1, a_2, ..., a_n\}$ um espaço amostral finito. Considere o evento formado por um resultado simples $A = \{ a_i \}$. A cada evento simples $\{ a_i \}$ associa-se um número p_i denominado probabilidade de $\{ a_i \}$, que satisfaz as seguintes condições:

$p_i \ge 0$, para $i = 1, 2, ..., n$

$p_1 + p_2 + p_3 + ... + p_n = 1$

A probabilidade $P_{(A)}$ de cada evento composto (mais de um elemento) é então definida pela soma das probabilidades de cada evento de A.

Exemplo:

1. Três corredores, A, B e C, estão em uma corrida; A tem duas vezes mais probabilidade de ganhar que B, e B tem duas vezes mais probabilidade de ganhar que C. Determine:

96 | *Noções de Lógica e Matemática Básica*

Quais são as probabilidades de vitória de cada um?

Qual seria a probabilidade de B ou C ganhar?

Solução:

a) Faça $P_{(C)} = p$;

Se B tem duas vezes mais probabilidades de ganhar que C, então à $P_{(B)} = 2$. $P_{(c)} = 2.p$;

Se A tem duas vezes mais probabilidades de ganhar que B, então à $P_{(A)} = 2$. $P_{(B)} = 4.p$;

Como a soma das probabilidades é igual a 1, então:

$p + 2.p + 4.p = 1$

$7.p = 1$

$$p = \frac{1}{7}$$

Logo, temos:

Faça $P_{(C)} = 1/7 = 0,1428 = 14,28\%$;

$P_{(B)} = 2/7 = 0,2857 = 28,57\%$;

$P_{(A)} = 4/7 = 0,5714 = 57,14\%$;

b) $P_{(BUC)} = P_{(B)} + P_{(C)}$

$P_{(B \cup C)} = P_{(B)} + P_{(C)}$

$$P_{(B \cup C)} = \frac{2}{7} + \frac{1}{7} = \frac{3}{7} = 0,4285 = 42,85\%$$

Espaços Amostrais Finitos Equiprováveis

Ao se associar a cada ponto amostral a mesma probabilidade, o espaço amostral chama-se equiprovável ou uniforme. Particularmente, se S contém n pontos, então, a probabilidade de um evento A será dada por:

$$P_{(A)} = \frac{n_{(A)}}{n_{(S)}} = \frac{\text{número de elementos do evento A}}{\text{número de elementos do espaço amostral S}}$$

Capítulo 4 – Noções Básicas de Probabilidade | **97**

Observa-se que o cálculo da probabilidade de um evento reduz-se a um problema de contagem. Desta maneira, a Análise Combinatória tem fundamental importância para se contar o número de casos favoráveis e o total de casos.

A combinação de n elementos combinados p a p (p ≤ n) é calculado pela seguinte fórmula:

$$C_{n,p} = \binom{n}{p} = \frac{n!}{p!.(n-p)!}$$

Onde:

n! = n.(n-1).(n-2). 1

p! = p.(p-1).(p-2). 1

0! = 1

Exemplos:

1. No lançamento de três moedas, qual a probabilidade de sair uma cara e duas coroas?

Lançamentos	1º	2º	3º	4º	5º	6º	7º	8º
	c	k	c	k	c	k	c	k
Combinações	c	c	k	k	c	c	k	k
	←c	←c	←c	←c	←k	←k	←k	←k

$n_{(S)} = 2^n = 2^3 = 8$ à existem oito possíveis combinações no lançamento de 3 moedas. Observe que n é o número de moedas.

Analisando o espaço amostral verificamos que existem 3 eventos onde ocorrem uma cara e duas coroas. A = {(k, k, c), (c, k, k), (k, c, k)}. Logo, $n_{(A)} = 3$.

Noções de Lógica e Matemática Básica

Aplicando a fórmula temos:

$$P_{(A)} = \frac{n_{(A)}}{n_{(S)}} = \frac{3}{8} = 0,375 = 37,5\%$$

2. Retirando-se uma bola de uma urna que contém 15 bolas, numeradas de 1 a 15, qual a probabilidade de se obter número primo?

$$P_{(A)} = \frac{n_{(A)}}{n_{(S)}} = \frac{8}{15} = 0,5333 = 53,33\%$$

3. Em um lote de 12 peças, 4 são defeituosas. Retirando duas peças aleatoriamente, determine:

A probabilidade de ambas serem defeituosas.

A probabilidade de ambas não serem defeituosas.

A probabilidade de ao menos uma ser defeituosa.

Solução:

a) A = [ambas são defeituosas}

A pode ocorrer $C_{4,2} = \begin{pmatrix} 4 \\ 2 \end{pmatrix} = \frac{4!}{2!.(4-2)!} = \frac{4.3.2!}{2.1.2!} = 6$ vezes

S pode ocorrer $C_{12,2} = \begin{pmatrix} 12 \\ 2 \end{pmatrix} = \frac{12!}{2!.(12-2)!} = \frac{12.11.10!}{2.1.10!} = 66$ vezes

Logo, temos:

$$P_{(A)} = \frac{n_{(A)}}{n_{(S)}} = \frac{6}{66} = 0,0909 = 9,09\%$$

b) B = [ambas não defeituosas}

B pode ocorrer $C_{8,2} = \begin{pmatrix} 8 \\ 2 \end{pmatrix} = \frac{8!}{2!.(8-2)!} = \frac{8.7.6!}{2.1.6!} = 28$ vezes

S pode ocorrer $C_{12,2} = \begin{pmatrix} 12 \\ 2 \end{pmatrix} = \frac{12!}{2!.(12-2)!} = \frac{12.11.10!}{2.1.10!} = 66$ vezes

Capítulo 4 – Noções Básicas de Probabilidade | **99**

Logo, temos:

$$P_{(A)} = \frac{n_{(A)}}{n_{(S)}} = \frac{28}{66} = 0,4242 = 42,42\%$$

c) C = {ao menos uma é defeituosa}

C é o complemento de B, C = $\overline{B}$

$$P_{(C)} = 1 - P_{(B)} = 1 - \frac{28}{66} = \frac{38}{66} = 0,5757 = 57,57\%$$

Probabilidade Condicional

Dados dois eventos, A e B, denota-se por $P_{(A/B)}$ a probabilidade condicionada do evento A ocorre, quando B tiver ocorrido por:

$$P_{(A/B)} = \frac{P_{(A \cap B)}}{P_{(B)}} = \frac{n_{(A \cap B)}}{n_{(B)}}$$

Exemplo:

1. Em um lançamento simultâneo de dois dados, qual é a probabilidade de termos números pares nas duas faces, sabendo que a soma é 6?

Solução:

A é o evento "ocorrência" de números pares nas duas faces", logo:

A = {(2; 2), (2; 4), (2; 6), (4; 2), (4; 4), (4; 6), (6; 2), (6; 4), (6; 6)}

B é o evento "ocorrência de soma 6", então:

B = {(1; 5), (2; 4), (3; 3), (4; 2), (5; 1)}

A∩B = {(2; 4), (4; 2)}

Então:

$$n_{(a \varsigma b)} = 2$$
$$n_{(b)} = 5$$

Noções de Lógica e Matemática Básica

Como foi pedida a probabilidade condicional de A em relação a B, podemos escrever:

$$P_{(A/B)} = \frac{P_{(A \cap B)}}{P_{(B)}} = \frac{n_{(A \cap B)}}{n_{(B)}} = \frac{2}{5} = 0,40 = 40\%$$

Teorema da Soma

Seja E um espaço amostral finito e não-vazio, e A e B dois eventos de E, então:

$$P_{(A \cup B)} = P_{(A)} + P_{(B)} + P_{(A \cap B)}$$

Sendo $P_{(A \cup B)}$ a probabilidade de ocorrer o evento A ou o evento B. Se $A \cap B = f$ dizemos que A e B são mutuamente exclusivos. Nesse caso, como $n_{(A \cap B)} = 0$. Logo, podemos escrever:

$$P_{(A \cup B)} = P_{(A)} + P_{(B)}$$

Exemplo:

1. Em uma pesquisa feita com 800 pessoas de um bairro, verificou-se que 300 lêem o jornal A, 200 lêem o jornal B e 100 lêem A e B. qual a probabilidade de, sorteando-se uma pessoa, ela ser leitora do jornal A ou do jornal B?

Solução:

$$P_{(A \cup B)} = P_{(A)} + P_{(B)} + P_{(A \cap B)}$$

$$P_{(A \cup B)} = \frac{n_{(A)}}{n_{(S)}} + \frac{n_{(B)}}{n_{(S)}} + \frac{n_{(A \cap B)}}{n_{(S)}}$$

$$P_{(A \cup B)} = \frac{300}{800} + \frac{200}{800} + \frac{100}{800} = 0,75 = 75\%$$

Capítulo 4 – Noções Básicas de Probabilidade | **101**

Teorema do Produto

A probabilidade da ocorrência simultânea de dois eventos, A e B, do mesmo espaço amostral, é igual ao produto da probabilidade de um deles pela probabilidade condicional do outro, dado o primeiro.

$$P_{(A \cap B)} = P_{(B)} \cdot P_{(A/B)}$$

ou

$$P_{(A \cap B)} = P_{(A)} \cdot P_{(B/A)}$$

Exemplo:

1. Em um lote de 10 peças, 4 são defeituosas. Duas peças são retiradas uma após outra sem reposição. Qual a probabilidade de que ambas sejam boas?

Solução:

A = {primeira peça é boa}

B = {segunda peça é boa}

Capítulo 5

Conceito de Função

É comum encontrar situações onde o valor de uma quantidade depende de outra. Como exemplo, suponha os seguintes casos: a demanda de um certo produto pode depender de seu preço de mercado; o lucro de uma empresa pode depender de sua receita e de seu custo; o tamanho de uma criança pode depender de sua idade. Em muitos casos estas relações podem ser representadas (modeladas) através de funções matemáticas.

Dentro deste contexto, verificam-se algumas relações especiais entre os conjuntos A e B, dentre as quais verifica-se uma maior importância àquelas que obedecem à definição a seguir:

Uma relação f de A em B é chamada de função se, e somente se:

a) Todo elemento $x \in A$ tem uma correspondência com algum elemento ,
   definido pela relação .

b) A cada elemento $x \in A$ não podem existir mais que um elemento de B em correspondência, através da relação .

Observe que as duas condições são estritamente necessárias para que uma relação seja chamada de função. Ou seja, todo elemento de A está associado, através de f, a um único elemento de B. É por isso que dizemos que f é uma função de A em B, que se indica por f:A→B. Pode-se representar uma função f pelo diagrama abaixo:

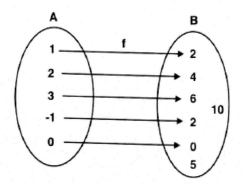

O conjunto A, de onde partem as flechas, é chamado de Domínio (D) da função. Já o conjunto aonde chegam as flechas é conhecido como Contradomínio (CD) da função. Os elementos y do Contradomínio que se relacionam com elementos do domínio são chamados de Imagens (Im). O conjunto formado pelas imagens da função é chamado de Conjunto Imagem. Observe que o conjunto Imagem é um subconjunto do Contradomínio da função.

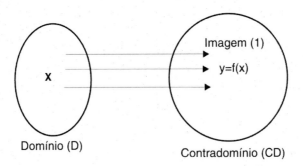

Onde:
- x representa um elemento genérico do domínio da função;
- lê-se "efe de x", "imagem de x" ou "função de x".

Capítulo 5 – Conceito de Função | 105

Logo, para o diagrama utilizado para definir função temos:

$D(f) = A = \{1, 2, 3, -1, 0\}$

$CD(f) = B = \{2, 4, 6, 2, 0, 5, 10\}$

$Im(f) = \{2, 4, 6, 2, 0\}$

Normalmente, a função f é definida utilizando-se uma fórmula matemática, por exemplo:

$$f(x) = 2x + 3$$

É muito comum, também, vermos a variável **y** substituindo **f(x)**:

$$y = 2x + 3$$

Neste caso, y é chamada variável dependente e x variável independente, pois o valor de y é resultado do emprego da fórmula para um determinado valor de x, ou seja, o valor de y depende do valor de x.

Logo, se quisermos saber qual o valor de y quando o valor de x for igual a 2 na fórmula acima, basta fazer:

$$f(2) = 2 \cdot 2 + 3 = 7$$

Exemplos:

1. Determine, se possível, f(18), f(2) e f(1), sendo

Resolução:

Basta substituir, em cada caso, o valor de x na função dada. Logo:

a) $f(18) = \sqrt{18-2} = \sqrt{16} = 4$

b) $f(2) = \sqrt{2-2} = \sqrt{0} = 0$

c) $f(1) = \sqrt{1-2} = \sqrt{-1} \notin \Re$

2. Determine f(–1), f(1) e f(2), se $f(x) = \begin{cases} \dfrac{1}{x-1}, \text{se } x < 1 \\ 3x^2 + 1, \text{se } x \geq 1 \end{cases}$

106 | *Noções de Lógica e Matemática Básica*

Resolução:

Da primeira fórmula, tem-se:

$$f(-1) = \frac{1}{x-1} = \frac{1}{-1-1} = -\frac{1}{2}$$

Da segunda fórmula, tem-se:

f(1) = 3 . 1^2 + 1 = 4

f(2) = 3 .2^2 + 1 = 13

Observe, no primeiro exemplo, que se x assumir determinados valores, por exemplo, x = 1, a função não poderá ser calculada. Então, é importante conhecermos o conjunto de valores para os quais a função poderá ser calculada. Estes valores são denominados Domínio da função.

Para determinarmos esse conjunto, é preciso obedecer duas regras básicas da matemática, denominadas aqui por Condições de Existência, lembrando que serão tratados apenas funções com números reais.

1^a Em uma fração, denominador deve ser sempre diferente de ZERO ($\neq 0$).

2^a Em uma raiz de índice par, o radicando deve ser sempre maior ou igual a ZERO (≥ 0).

3.   Determine o domínio das funções abaixo:

a) $f(x) = x^3 - 4x^2 + 5x + 10$

b) $f(x) = \dfrac{1}{2x+1}$

c) $f(x) = \sqrt{x-2}$

d) $f(x) = \dfrac{\sqrt{4+x}}{1-x}$

Resolução:

a)   Não há qualquer restrição, portanto, $D = \Re$.

b)   Neste caso, devemos obedecer a primeira restrição: $2x + 1 \neq 0 \therefore x \neq \frac{1}{2}$. Logo: $D = \{x \in \Re \mathbin{/} x\ \frac{1}{2}.\}$

c)   Neste caso, devemos obedecer a segunda restrição: $x - 2 \geq 0 \rightarrow x \geq 2$

Capítulo 5 – Conceito de Função | **107**

$$D = \{x \in \Re / x \geq 2\} \text{ ou } D = [2, \infty]$$

d) Este é um caso típico onde devemos satisfazer às duas restrições:

1ª) $1 - x \neq 0 \rightarrow x \neq 1$

2ª) $4 + x \geq 0 \rightarrow x \geq -4$

Logo, unindo as duas respostas, temos:

$$D = \{x \in \Re / x \neq 1 \text{ e } x \geq -4\} \text{ ou } D = [-4, \infty) - \{1\}$$

Exercícios

1. Calcule os valores indicados nas funções abaixo:

a) $f(x) = 3x^2 + 5x - 2$; f(1), f(0), f(–2)

b) $h(x) = (2x + 1)^3$; h(–1), h(0), h(1)

c) $g(x) = x + 1/x$; g(–1), g(1), g(2)

d) $f(x) = x/(x^2 + 1)$; f(2), f(0), f(–1)

e) $h(x) = \sqrt{x^2 + 2x + 4}$; h(2), h(0), h(–4)

f) $g(x) = \sqrt{(x+1)^3}$; g(0), g(–1), g(8)

g) $f(x) = \dfrac{1}{\sqrt{(2x-1)^3}}$; f(1), f(5), f(13)

h) $h(x) = \begin{cases} 2x + 4, \text{ se } x \leq 1 \\ x^2 + 1, \text{ se } x > 1 \end{cases}$; h(3), h(1), h(0), h(–3)

2. Determine o domínio das funções abaixo:

a) $f(x) = 25x^2 - 12x^2 + 4x + 55$

b) $g(x) = (x^2 + 5)/(x + 2)$

c) $f(x) = (x + 1)/(x^2 - x - 2)$

Noções de Lógica e Matemática Básica

d) $g(x) = (2x - 1)/(x^2 + 2x + 5)$

e) $f(x) = \sqrt{3 - x}$

f) $g(x) = \sqrt{3x + 8}$

g) $f(x) = 2x + 1$

h) $f(x) = \dfrac{2x + 1}{\sqrt{3x - 12}}$

Respostas:

1.

a) $f(1) = 6$; $f(0) = -2$; $f(-2) = 0$

b) $h(-1) = -1$; $h(0) = 1$; $h(1) = 27$

c) $g(-1) = -2$; $g(1) = 2$; $g(2) = 5/2$

d) $f(2) = 2/5$; $f(0) = 0$; $f(-1) = -1/2$

e) $h(2) = 2\sqrt{3}$; $h(0) = 2$; $h(-4) = 2\sqrt{3}$

f) $g(0) = 1$; $g(-1) = 0$; $g(8) = 27$

g) $f(1) = 1$; $f(5) = 1/27$; $f(13) = 1/125$

h) $h(3) = 10$; $h(1) = 6$; $h(0) = 4$; $h(-3) = -2$

i) $f(-6) = 3$; $f(-5) = -4$; $f(0) = 1$; $f(16) = 4$

2.

a) $D = \Re$

b) $D = \{x \in \Re \ / \ x \ -2\}$

c) $D = \{x \in \Re \ / \ x \ 2 \ e \ x \ -1\}$

d) $D = \Re$

e) $D = \{x \in \Re \ / \ x \ 3\}$

f) $D = \{x \in \Re \ / \ x \ -8/3\}$

g) $D = \{x \in \Re \ / \ x > 4\}$

h) $D = \Re$

Função Constante

Seja k um número real qualquer, essa função é aquela que representa sempre o mesmo valor para y, independente do valor de x. Sua representação gráfica é uma reta paralela ao eixo-x e que passa pelo ponto y = k.

Exemplo:

$f(x) = 2,5$.

Então, $f(0) = 2,5$, $f(1) = 2,5$, ou seja, o valor da função é sempre 2,5 independente do valor de x.

Seu gráfico será:

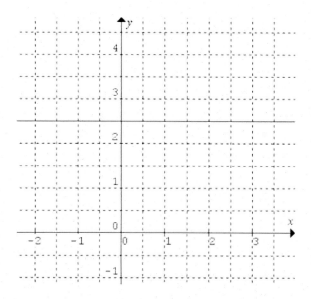

Função Afim ou do 1º Grau

Denomina-se de Função Afim ou do 1º Grau a toda função do tipo
$y = f(x) = $ **ax + b, com** $\{a, b\} \subset R$ e $a \neq 0$.

Exemplos:

a) $y = 3x + 1$

110 | *Noções de Lógica e Matemática Básica*

b) y = x - 2

c) y = 10x

Gráfico de uma Função do 1º Grau

Seu gráfico é uma reta, onde **a** é denominado de coeficiente angular e **b** de coeficiente linear. Geralmente é útil descrever uma função f geometricamente, utilizando-se um sistema de coordenadas retangulares xy. Dado qualquer x no domínio de f, podemos representar o ponto $(x, f(x))$. Este é o ponto no plano xy cuja coordenada y é o valor da função em x. Usualmente o conjunto de todos os pontos $(x, f(x))$ formam uma curva no plano xy e é chamado de gráfico da função f(x).

É possível aproximar o gráfico de f(x), considerando apenas pontos (x, f(x)) para um conjunto representativo de valores de x e, então, ligando os pontos obtidos por uma curva suave. Quanto menor os espaços entre os valores de x, melhor a aproximação.

Um importante postulado da geometria diz: "dois pontos distintos determinam uma reta". De acordo com este postulado, a construção do gráfico de uma função do 1º grau é feita obtendo-se a reta determinada por eles.

Exemplos:

1. Construir o gráfico da função $y = 2x - 4$

    Resolução:

    O gráfico desta função é uma reta. Logo, precisamos de dois pontos distintos para determina-la. Para tal, atribuímos a x dois valores reais, distintos, quaisquer e calculamos a imagem de y de cada um deles:

x	y = 2x – 4	Ponto da Reta (x, y)
0	-4	(0, -4)
1	-2	(1, -2)

Assim, o gráfico desta função é:

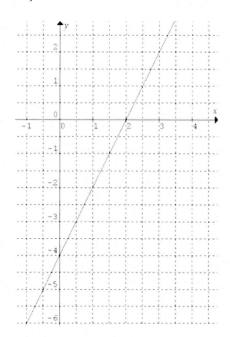

2. O gráfico da função y = ax + b é:

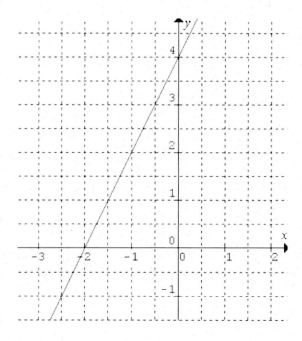

112 | *Noções de Lógica e Matemática Básica*

Determinar os valores de a e b.

Resolução:

Como o ponto (0, 4) pertence ao gráfico, temos que a sentença y = ax + b deve tornar-se verdadeira para x = 0 e y = 4, isto é:

y = ax + b

4 = a.0 + b

b = 4

Analogamente, o ponto (-2, 0) pertence ao gráfico; então devemos ter:

y = ax + b

0 = a.(-2) + b

0 = a.(-2) + 4

a = 2

Logo, f(x)= 2x+4

Função Definida
por mais de uma Sentença

Nem sempre é possível definir uma função através de uma única sentença y = f(x). Por este motivo faz-se necessário estudar funções definidas por duas ou mias sentenças. Para facilitar a visualização destas funções, faremos uso de um exemplo prático.

Suponha que uma loja de brinquedos, para produzir um determinado jogo, segue as seguintes especificações para os seus custos:

- Para o número de peças produzidas menor ou igual a 1.000, são gastos 20 reais na produção.

- Para produção maior do que 1.000 unidades, o custo é dado por $\dfrac{x}{50}$.

A função seguinte mostra o custo f(x) em função das unidades produzidas.

$$f(x) = \begin{cases} 20, & 0 \leq x \leq 1.000 \\ \dfrac{x}{50}, & x > 1.000 \end{cases}$$

Observe que essa função é definida por duas condições:

- Se $0 \le x \le 1.000$, então f(x) = 20;
- Se x>1.000, então $f(x) = \dfrac{x}{50}$;

O gráfico de f é:

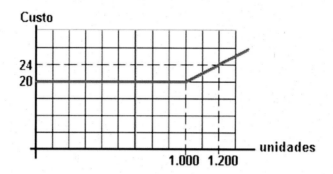

Raiz ou Zero da Função do 1º Grau

Chama-se raiz (ou zero) de uma função real de variável real, y = (x), todo número r, pertencente ao domínio de f, tal que f(r) = 0.

Para determinarmos a raiz ou zero de uma função do 1º grau, definida pela equação y = ax + b, como *a* é diferente de 0, basta obtermos o ponto de intersecção da equação com o eixo x, que terá como coordenada o par ordenado (x, 0).

1. Considere a função dada pela equação y = x + 1, determine a raiz desta função.

    Basta determinar o valor de x para termos y = 0:

    x + 1 = 0

    x = -1

    Dizemos que -1 é a raiz ou zero da função.

Função Crescente e Função Decrescente

O coeficiente angular *a* equivale à tangente do ângulo que a reta forma com o semi-eixo positivo das abscissas, enquanto o coeficiente linear *b* indica o ponto em que a reta corta o eixo das ordenadas (o que ocorre quando x = 0).

Podemos definir:

- Uma função f, real de variável real, é crescente em A, com A ⊂ D(f), se, e somente se, para quaisquer números x_1 e x_2 de A, ocorre:

$$x_2 > x_1 \Rightarrow f(x_2) > f(x_1)$$

- Uma função f, real de variável real, é decrescente em A, com A ⊂ D(f), se, e somente se, para quaisquer números x_1 e x_2 de A, ocorre:

$$x_2 > x_1 \Rightarrow f(x_2) < f(x_1)$$

Podemos, também, analisar o sinal do coeficiente angular, conforme mostrado a seguir:

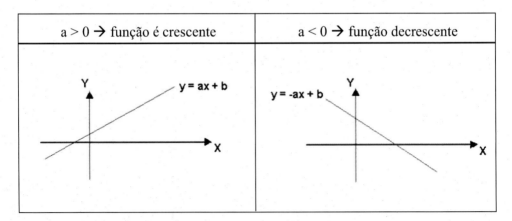

Observação:

- Domínio (D) = R
- Imagem (Im) = R

Variação do Sinal da Função do 1º Grau

Considere a função do 1º grau f(x) = 2x − 6, cujo gráfico é dado a seguir.

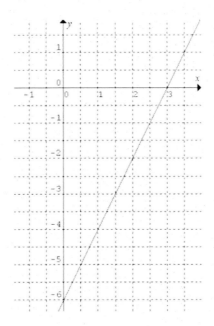

Observe que:

- 3 é raiz da função;
- a = 2 à a > 0 à função crescente;
- para qualquer x real, x > 3, temos f(x) > 0; por exemplo: f(4) > 0
- para qualquer x real, x < 3, temos f(x) < 0; por exemplo: f(2) < 0

Por isso, dizemos que:
- A função se anula para x = 3;
- A função é positiva para todo x real, x > 3;
- A função é negativa para todo x real, x < 3;

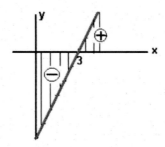

Esquematicamente, esta variação de sinal pode ser representada da seguinte maneira:

f(x) = 2x - 6	-	3 +	x

O estudo da variação de sinal da função f(x) = 2x − 6 pode ser feito também algebricamente, sem o auxílio do gráfico. Observe que:

- A raiz da função f é a raiz da equação:

    $2x - 6 = 0 \therefore x = 3$

- Os valores de x para os quais f(x) é positivo (f(x) > 0) são as soluções da inequação:

    $2x - 6 > 0 \therefore x > 3$

- Os valores de x para os quais f(x) é negativo (f(x) < 0) são as soluções da inequação:

    $2x - 6 < 0 \therefore x < 3$

Logo, temos:

f(x) = 2x - 6	-	3 +	x

Analogamente, estudaremos o sinal da função f(x) = -2x + 4.

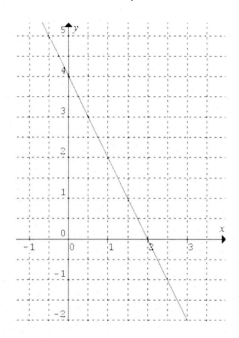

Observe que:

- 2 é raiz da função;
- a = -2 a < 0 a função é decrescente;
- para qualquer x real, x > 2, temos f(x) < 0;
- para qualquer x real, x < 2, temos f(x) > 0.

Por isso, dizemos que:

- A função se anula para x = 2;
- A função é positiva para todo x real, x < 2;
- A função é negativa para todo x real, x > 2.

Esquematicamente, esta variação de sinal pode ser representada da seguinte maneira:

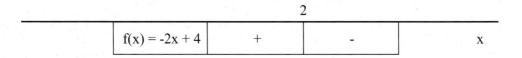

Algebricamente temos:

- A raiz da função f é a raiz da equação:

    $-2x + 4 = 0 \therefore x = 2$

- Os valores de x para os quais f(x) é positivo (f(x) > 0) são as soluções da inequação:

    $-2x + 4 > 0 \therefore x > 2$

- Os valores de x para os quais f(x) é negativo (f(x) < 0) são as soluções da inequação:

    $-2x + 4 < 0 \therefore x < 2$

Logo, temos:

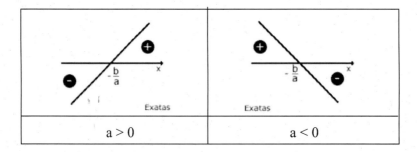

Observe os gráficos:

Note que para $x = -b/a$, $f(x) = 0$ (zero da função). Para $x > -b/a$, f(x) tem o mesmo sinal de a. Para $x < -b/a$, f(x) tem o sinal contrário ao de a.

Função Linear

É a função do 1º Grau em que b = 0, ou seja, é a função do tipo y = ax. Como b = 0 o ponto em que ela corta o eixo dos y será a origem dos eixos coordenados, portanto os pontos x = 0 e y = 0 são coincidentes fazendo com que precisemos de mais um ponto para esboçar o gráfico da função, podendo ser um ponto qualquer que se alinhará com a origem dos eixos coordenados.

Exemplo: Qual o gráfico da função y = 2x

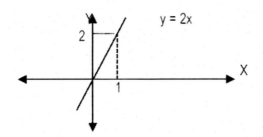

X	Y
0	0
1	2

Determinação da Equação da Reta

- Coeficiente Angular:

Para determinar o coeficiente angular de uma função do 1º grau devemos conhecer dois pontos pertencentes à reta. Sejam os pontos A = (x_1, y_1) e B = (x_2, y_2). O coeficiente angular será calculado pela seguinte fórmula.

$$a = \frac{y_2 - y_1}{x_2 - x_1}$$

- Coeficiente Linear:

Uma vez determinado o coeficiente angular, o coeficiente linear é obtido substituindo um dos pontos na equação da reta:

y = ax + b ∴ b = y − ax

120 | *Noções de Lógica e Matemática Básica*

Aplicação Prática

Uma das aplicações práticas que fazem uso deste tipo de função é a Capitalização Simples, tema estudado na Matemática Financeira. Neste tipo de capitalização, os juros e o montante são calculados fazendo-se uso de funções do primeiro grau.

Juros Simples é aquele pago unicamente sobre o capital inicial, onde não são somados os juros do período ao capital para o cálculo de novos juros nos períodos seguintes. Portanto, o juro é a remuneração sobre o uso do capital. Logo, sendo P o principal, i a taxa e n o prazo de aplicação, expresso em número de períodos a que se refere à taxa i, o juro J, obtido no fim do prazo de aplicação, será:

$$J = P \times i \times n$$

Esta fórmula só poderá ser empregada colocando-se o prazo de aplicação n expresso na mesma unidade de tempo a que se refere à taxa i considerada.

Já o montante será dado pela soma entre o capital aplicado e o juro.

$M = P + J$

$M = P(1 + i \times n)$

Exemplos:

1. Se João empresta a José R\$100,00, a juros simples à taxa de 10% ao ano, pelo prazo de 1 anos, no fim desse 1 ano José pagará a João um total de juros igual a $100,00 \times 0,10 \times 1 = 10,00$. Ou seja, os juros pagos pelo empréstimo deste capital, nestas condições, serão de R\$10,00. Logo, no final deste prazo, João deverá receber R\$110,00.

2. O juro devido a um capital de R\$1.000,00, à taxa de juros simples de 3% ao mês, no fim de 1 ano, será de:

$$J = P \times i \times n$$
$$J = 1.000 \times 0,03 \times 12$$
$$J = R\$360,00$$

Observe que o no período n, ao invés de 1 ano utilizou-se 12 meses, devido ao ato da taxa de juros i estar sendo aplicada ao mês.

Capítulo 5 – Conceito de Função | **121**

Exercícios

1. Calcule o ponto de interseção das retas abaixo:

   a) $y = 2x + 5$ e $y = 3x$

   b) $y = 100 - (1/2)x$ e $y = 2x - 50$

   c) $y = 2x - 4$ e $y = 3x + 2$

   d) $y = 3x + 5$ e $y = 3 - x$

   e) $y = 5x - 14$ e $y = 4 - x$

   f) $y = 3x + 8$ e $y = 3x - 2$

2. Escreva a equação que passa pelos seguintes pontos:

   a) $P_1 (0, 0)$ e $P_2 (2, 4)$

   b) $P_1 (0, 3)$ e $P_2 (8, 3)$

   c) $P_1 (0, 20)$ e $P_2 (12, 0)$

   d) $P_1 (2, 10)$ e $P_2 (8, 1)$

   e) $P_1 (2, - 3)$ e $P_2 (0, 4)$

   f) $P_1 (- 1, 2)$ e $P_2 (2, 5)$

3. Escreva a equação da reta que passa pelo ponto P e têm coeficiente angular m:

   a) $P(0, 0)$ e $m = -2$

   b) $P(2, 7)$ e $m = 1/2$

   c) $P(3, 10)$ e $m = - 1$

   d) $P(7, 1)$ e $m = 0$

   e) $P(-1, 2)$ e $m = 2/3$

   f) $P(5, - 2)$ e $m = -1/2$

4. Esboce os gráficos das funções:

   a) $y = 2x - 8$

   b) $y = x - 5$

   c) $y = 3 - x$

d) $y = -x + 4$

e) $y = 3x - 6$

5. Qual o ponto de encontro entre os gráficos das funções f(x) e g(x) descritas abaixo?

    a) $f(x) = 2x - 1$ $g(x) = x + 3$

    b) $f(x) = x - 4$ $g(x) = -x + 6$

6. Qual a função do 1° grau cujo gráfico passa pelos pontos A(1 , 3) e B(-2 , -5)?

7. O preço de certa mercadoria se comporta segundo o gráfico abaixo.

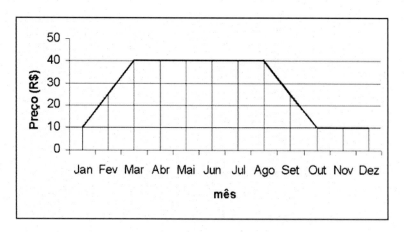

Fazendo a correlação entre os meses da seguinte forma: Jan = 1, Fev = 2, Mar = 3, até Dez = 12, determine:

a) Em que meses o preço manteve-se constante? Quanto custava nessas ocasiões?

b) Qual a equação da função que representa a variação do preço entre os meses de janeiro e março?

c) Qual o preço da mercadoria no mês de Fevereiro?

8. Um táxi cobra R$ 2,00 de bandeirada e R$ 1,50 por quilômetro rodado.

    a) Quanto pagará uma pessoa que percorreu 8 Km?

    b) Quantos quilômetros foram percorridos por um passageiro que pagou R$ 8,00?

9. Um vendedor recebe a título de rendimento mensal um valor fixo de R$150,00 e mais um adicional de 4% das vendas por ele realizadas no mês. Com base nestas informações:

   a) Complete a tabela abaixo:

	Vendas (R$)	Rendimento (R$)
Junho	9.450	
Julho	11.250	
Agosto	k	

   b) Expresse em termos de uma equação o rendimento mensal y desse vendedor em função do valor x de suas vendas mensais.

   c) Construa o gráfico desta função.

10. Uma empresa, para construir uma estrada, cobra um valor fixo mais um valor que varia de acordo com o número de quilômetros de estrada construída. O gráfico abaixo descreve o custo da obra, em milhões de reais, em função do número de quilômetros construídos (y é dado em milhões e x em quilômetros):

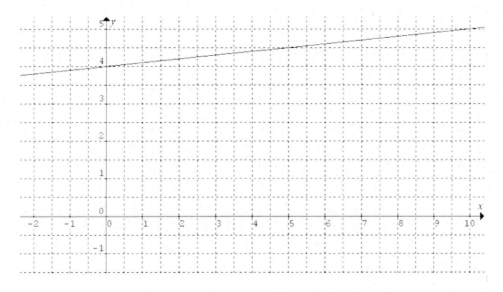

a) Obtenha a função y = f(x), para x ³ 0, que determina esse gráfico.

b) Determine o valor fixo cobrado pela empresa para a construção da estrada.

c) Qual será o custo total da obra, sabendo que a estrada terá 100 km de extensão.

11. (Cesgranrio) O valor de um carro novo é de R$9.000,00 e, com quatro anos de uso, é de R$4.000,00. Supondo que o preço caia com o tempo, segundo uma linha reta, determine o valor do carro com um ano de uso.

12. Uma barra de ferro foi aquecida até uma temperatura de 30°C e se a seguir foi resfriada até a temperatura de –6°C. O gráfico mostra a temperatura da barra em função do tempo.

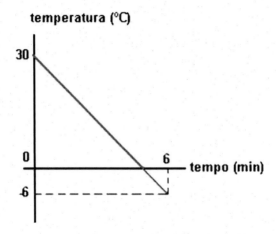

a) Depois de quanto tempo, após o início do resfriamento, a temperatura da barra atingiu 0°C?

b) De 0 a 6 min, em que intervalo de tempo a temperatura da barra esteve positiva?

c) De 0 a 6 min, em que intervalo de tempo a temperatura da barra esteve negativa?

13. Um banco paga as contas de um determinado cliente, que vencem em agosto, de acordo com a seguinte função:

$y = -\frac{2x}{3} + 20$, em que $x \in \{1, 2, 3, ..., 29, 30\}$ e y é o saldo do cliente em milhares de reais, no dia x de agosto.

a) Em que dia de agosto o saldo do cliente chega a zero?

b) Em que intervalo de tempo, no mês de agosto, o saldo é positivo?

c) Em que intervalo de tempo, no mês de agosto, o saldo é negativo?

Respostas:

1.
- a) (5, 15)
- b) (60, 70)
- c) (− 6, − 16)
- d) (− 1/2, 7/2)
- e) (3, 1)
- f) não existe

2)
- a) y = 2x
- b) y = 3
- c) y = − (5/3)x + 20
- d) y = − (3/2)x + 13
- e) y = − (7/2)x + 4
- f) y = x + 3

3)
- a) y = − 2x
- b) y = (x/2) + 6
- c) y = − x + 13
- d) y = 1
- e) y = (2/3)x + (8/3)
- f) y = − (x/2) + (1/2)

4)
- a)

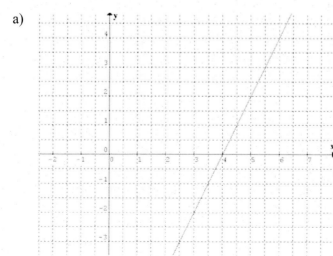

b)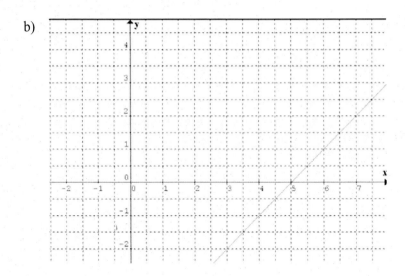

c)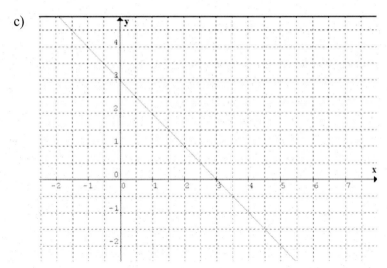

d)

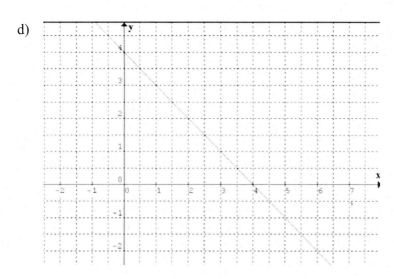

e)

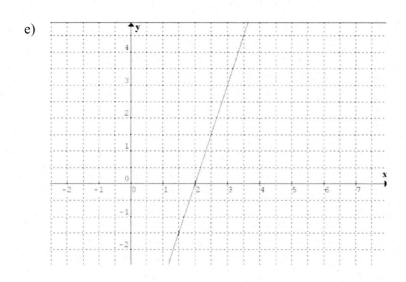

5.
   a) x = 4 ; y = 7   b) x = 5 ; y = 1
6. y = (8x + 1)/3
7.
   a) março a agosto = R$40,00   outubro a dezembro = R$10,00
   b) y = 15x – 5
   c) y = 25
8.
   a) R$14,00   b) x = 4 km
9.
   a)

	Vendas (R$)	Rendimento (R$)
Junho	9.450	528
Julho	11.250	600
Agosto	k	150 + 0,04k

   b) y = 150 + 0,04x
   c)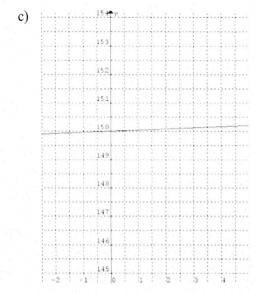

Capítulo 5 – Conceito de Função | **129**

10.

    a) $y = 0,4x+4$

    b) $b = 4$ (milhões de reais)

    c) $y = 14$ milhões de reais

11. $y = R\$7.750,00$

12.

    a) $x = 5$ min

    b) $T_{positiva} = [0, 5]$

    c) $T_{negativa} = {]5, 6]}$

13.

    a) $x = 30$

    b)   Saldo Positivo $= [0, 30]$

    c)   Saldo Negativo $= f$

Função do 2º Grau

Muitos economistas fazem uso das curvas de custo médio para relacionar o custo unitário médio da produção de um determinado produto e o número de unidades produzidas. Em balística, ciência que se preocupa com o movimento dos projéteis, estas funções são fundamentais nos estudos dos movimentos destes projéteis. Cada uma destas curvas tem a forma de parábola, com abertura para cima ou para baixo. As mais simples destas curvas são chamadas de funções quadráticas.

Uma função quadrática é uma função da forma

$$f(x) = ax^2 + bx + c,$$

em que a, b, e c são constantes e $a \neq 0$. O domínio de tal função consiste de todos os números reais.

Logo, é toda função $f : R \rightarrow R$ definida por $f(x) = ax^2 + bx + c$, com $a \in R^*$ e $b,c \in R$.

Exemplos:

1. Dada a função $f(x) = (m + 3)^2 + 5x - 4$, determine **m** para que ela seja função do 2º grau.

Resolução:

$a = m + 3 \qquad b = 5 \qquad c = -4$

função do 2º grau $\rightarrow a \neq 0$

logo:

$m + 3 \neq 0$

$m \neq -3$

2. Dada a função $f(x) = 2x^2 + 2x - 4$, calcule x para que:

a) $f(x) = -4$

$-4 = 2x^2 + 2x - 4$

$2x^2 + 2x = 0$

$2x(x + 1) = 0$

Ou

$$2x = 0$$

$$x = 0$$

Ou

$$x + 1 = 0$$

$$x = -1$$

3. Dada à função $f(x) = ax^2 + bx + c$ e sabendo-se que $f(1) = 0$, $f(0) = 1$ e $f(2) = 1$, determine a, b e c.

$f(0) = 1 \to a.0^2 + b.0 + c = 1 \to c = 1$

$f(1) = 0 \to a.1^2 + b.1 + c = 1 \to$ como c = 1, logo $\to$ a + b + 1 = 0

$f(2) = 1 \to a.2^2 + b.2 + c = 1 \to$ como c = 1, logo $\to$ 4a + 2b + 1 = 1 $\to$ 4a + 2b = 0

Resolvendo o sistema:

$$\begin{cases} a+b+1=0 \to a=-b-1 \to a=-(-2)-1 \to a=1 \\ 2a+b=0 \end{cases}$$

$$2(-b-1)+b=0$$

$$-2b-2+b=0$$

$$b=-2$$

Gráfico de uma Função do 2º Grau

Demonstra-se que o gráfico de uma função do tipo $f(x) = ax^2 + bx + c$, com {a, b, c} $\subset$ R e a $\neq$ 0, é uma parábola.

Esta parábola tem o eixo de simetria perpendicular ao eixo O_x e sua concavidade é voltada para o sentido positivo do eixo O_y, se a > 0, ou voltada para o sentido negativo do eixo O_y, se a < 0.

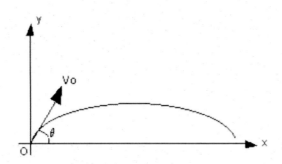

Obtenção do seu gráfico

Exemplo:

Construir os gráficos das funções $f(x) = x^2 + 2x - 3$ e $g(x) = 2x^2 - 4x + 2$.

Resolução:

Atribuir valores à x e calcular o correspondente valor de f(x):

X	y
-3	0
-2	-3
-1	-4
0	-3
1	0

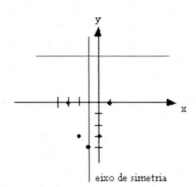

Observações:

1. $a = 1$ em $f(x)$ → $a > 0$ → concavidade da parábola voltada para cima.
2. –3 e 1 são as raízes de $f(x)$ e as abscissas do ponto onde a parábola tangencia o eixo horizontal.
3. $c = -3$ em $f(x)$ é a ordenada do ponto onde a parábola corta o eixo vertical.
4. –4 é o valor mínimo assumido por $f(x)$. O ponto de coordenada (-1; -4) é chamado vértice da parábola e também ponto de mínimo da função $f(x)$.

Capítulo 5 – Conceito de Função | **133**

5. A reta vertical que passa pelo vértice é o eixo de simetria da parábola, pois nela para todo ponto P existe outro ponto P' tal que P e P' estão a mesma distância do eixo de simetria e na mesma perpendicular a este.

Algoritmo para construção do gráfico:

1. Verificar se a > 0 ou a < 0 para saber a concavidade da parábola.

2. Usar as coordenadas dos pontos onde a parábola corta os eixos coordenados: (0; c) no eixo vertical, (x'; 0) e (x''; 0) no eixo horizontal.

3. Usar as coordenadas do vértice V que podem ser calculadas pelas seguintes fórmulas:

$$x_v = \frac{-b}{2a}$$

$$y_v = \frac{-\Delta}{4a}$$

4. Se houver necessidade de outros pontos, atribuir a x valores simétricos em relação ao eixo de simetria (ou a x_v).

Exemplos:

1. Determine o valor de **k** para que o gráfico cartesiano de $f(x) = -x^2 + (k + 4)x - 5$ passe pelo ponto (2; 3).

Resolução:

Substituindo x = 2 e f(x) = 3 tem-se:

$f(x) = -x^2 + (k + 4)x - 5$

$3 = -2^2 + (k + 4)2 - 5$

k =2.

2. Obtenha as coordenadas dos pontos comuns dos gráficos de $y = x + 5$ e $y = x^2 - x + 2$.

Resolução:

$x + 5 = x^2 - x + 2$

$x^2 - 2x - 3 = 0$

x' = -1 à y' = -1 + 5 à y' = 4 à P1(-1; 4)

x'' = 3 à y'' = 3 + 5 à y''= 8 à P2 (3; 8)

134 | *Noções de Lógica e Matemática Básica*

Hoje, com a grande disponibilidade de calculadoras gráficas e programas computacionais desenvolvidos para gerar gráficos de funções, raramente é necessário esboçar gráficos considerando um número grande de pontos representativos e, então, desenhar a mão uma aproximação do gráfico de uma determinada função.

Pontos Notáveis da Parábola

Alguns pontos da parábola, por facilitarem a construção do gráfico da função do $2°$ grau, merecem atenção especial. Estes pontos são:

- Os pontos de interseção da parábola com o eixo O_x (se existirem);
- Os pontos de interseção da parábola com o eixo O_y;
- O vértice da parábola.

Pontos de Intersecção
da Parábola com o Eixo O_x:

Para obter estes pontos, também chamados de raízes da função ou zeros da função do segundo grau, a partir da equação $y = ax^2 + bx + c$, basta atribuirmos o valor zero à variável y e resolver a equação:

$$ax^2 + bx + c = 0 \quad (1)$$

Para resolvê-la, faremos uso da fórmula de Bháskara:

$$x = \frac{-b \pm \sqrt{\Delta}}{2a}, \text{ em que } \Delta = b^2 - 4ac.$$

Com estes resultados, podemos fazer as seguintes análises:

$1°$ Se a equação (1) tiver $\Delta > 0$, então ela terá duas raízes reais e distintas: $x_1 \neq x_2$. Assim, os pontos de intersecção da parábola com o eixo O_x são $(x_1, 0)$ e $(x_2, 0)$.

Capítulo 5 – Conceito de Função | 135

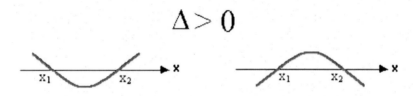

2º Se a equação (1) tiver $\Delta = 0$, então ela terá duas raízes reais e iguais: $x_1 = x_2$. Assim, a parábola será tangente ao eixo O_x no ponto de abscissa $x_1 = x_2$.

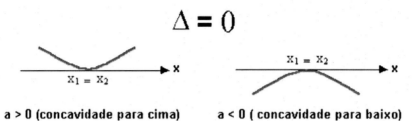

3º Se a equação (1) tiver $\Delta < 0$, então ela não terá raízes reais. Desta maneira, a parábola não terá ponto em comum com o eixo O_x.

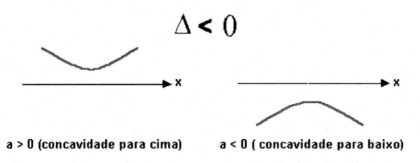

Ponto de Intersecção da Parábola com o Eixo O_y

Para obter este ponto a partir da equação do segundo grau $y = ax^2 + bx + c$, basta atribuir o valor zero a variável x:

$y = ax^2 + bx + c$ Þ $y = a.0^2 + b.0 + c \setminus y = c$.

Assim, o ponto de intersecção da parábola com o eixo Ou é (0, c).

Vértice da Parábola

O vértice é outro ponto notável da parábola. Para determinar genericamente as coordenadas do vértice V da parábola de equação $y = ax^2 + bx + c$, suponha que a ordenada de V seja o número k. A reta de equação $y = k$ possui apenas o ponto V em comum com a parábola.

Portanto, o sistema abaixo tem uma única solução.

$$\begin{cases} y = ax^2 + bx + c & (1) \\ y = k & (2) \end{cases}$$

Substituindo (2) em (1), obtemos $k = ax^2 + bx + c$, ou seja:

$$ax^2 + bx + c - k = 0 \quad (3)$$

Como essa equação deve ter raízes reais e iguais, devido ao fato do sistema ter uma única solução, impomos que $\Delta = 0$, ou seja:

$b^2 - 4ac = 0$

$b^2 - 4a(c - k) = 0$

$$k = \frac{b^2 - 4ac}{4a}$$

$$k = -\frac{\Delta}{4a}$$

Substituindo o valor de k em (2) temos o valor de y.

Substituindo este valor de k na equação (3), obtemos o valor de x:

$$x = -\frac{b}{2a}$$

Concluímos, então, que o vértice da parábola é o ponto:

$$V\left(-\frac{b}{2a}, -\frac{\Delta}{4a}\right)$$

Capítulo 5 – Conceito de Função | **137**

Máximo e Mínimo
de uma Função do 2º Grau

Nas funções custo, lucro, demanda e em muitas outras que são representadas por funções do segundo grau, é possível calcular o valor máximo que estes podem atingir. Por exemplo, na fabricação de um produto busca-se sempre o custo mínimo de produção.

Os conceitos de valor máximo e de valor mínimo, fundamentais na Engenharia, Administração, Economia, Física etc., serão estudados neste item, especificamente para funções do 2º grau.

Para esta análise será utilizado o ponto vértice da função V, que representa graficamente a função do 2º grau.

$f(x) = ax^2 + bx + c$, com $a < 0$, então a abscissa de V, $-\dfrac{b}{2a}$, é o ponto de máximo e a ordenada de V, $-\dfrac{\Delta}{4a}$, é o valor máximo da função f.

Exemplo de aplicação:

1. Supondo que uma loja venda seus produtos de modo que o preço unitário dependa da quantidade de unidades adquiridas pelo comprador. Por exemplo, se, sob determinadas condições, para cada x unidades vendidas o preço unitário é $40 - \dfrac{x}{5}$ reais, então a receita é dada por:

$$R_{(x)} = x\left(40 - \frac{x}{5}\right)$$

$$R_{(x)} = 40x - \frac{x^2}{5}$$

Uma análise desta função receita permite tomar decisões acertadas no sentido de otimizar a lucratividade de uma empresa. Por exemplo, na função $R_{(x)}$ acima, podemos concluir que a receita máxima é R\$2.400,00 e é obtida com a venda de 100 unidades do produto (basta utilizar o vértice da função para encontrar estes valores).

Valor Mínimo de uma Função do 2º Grau

Se o ponto V é o vértice da parábola que representa graficamente a função do 2º grau $f(x)=ax^2+bx+c$, com $a > 0$, então a abscissa de V, $-\dfrac{b}{2a}$, é o ponto de mínimo e a ordenada de V, $-\dfrac{\Delta}{4a}$, é o valor mínimo da função f.

Aplicação Prática

Uma das aplicações práticas que fazem uso deste tipo de função é a Capitalização Composta, tema também estudado na Matemática Financeira. Neste tipo de capitalização, o juro gerado pela aplicação, em um determinado período, será incorporado ao principal, ou seja, somam-se os juros do período ao capital para o cálculo de novos juros no período seguinte. Desta maneira, os juros são capitalizados e passam a render juros.

$$J = P[(1 + i)^n - 1]$$

O conceito de montante é o mesmo definido para capitalização simples, ou seja, é a soma do capital aplicado ou devido ao valor dos juros correspondentes no prazo da aplicação ou da dívida. Tem-se:

$$M = P + J$$

$$M = P(1 + i)^n$$

Exemplo:

Um capital de R\$600.000,00 é aplicado a juros compostos durante 3 meses, à taxa de 10% a.m.

a) Qual o montante?

$$M = 600.000(1 + 0,1)^3 = R\$798.600$$

b) Qual o total de juros auferidos?

$$J = M - P = 798.600 - 600.000 = R\$198.600$$

Capítulo 5 – Conceito de Função | **139**

Exercícios

1. Seja x a proporção do número total de votos obtidos por um candidato a presidente dos Eua do Partido Democrata. (desta forma x é um número entre 0 e 1). Os cientistas têm observado que uma boa estimativa da proporção de cadeiras na Câmara de Deputados, ocupadas por políticos filiados ao Partido Democrata, é dada pela função $f(x) = \dfrac{x^3}{x^3 + (1-x)^3}$, 0 £ x £ 1, cujo domínio é o intervalo [0,1]. Calcule f(0,6).

2. Uma firma de corretagem mobiliária cobra uma comissão de 10% nas compras de ouro na faixa de R$1,00 a R$20,00. Para compras excedendo R$20,00, a firma cobra 8% do total da compra mais R$15,00. Denote por x o valor do ouro comprado e por f(x) a comissão cobrada como função de x.

   a) Descreva f(x).

   b) Encontre f(15) e f(15 + 20).

3. Quando a Agência de Proteção Ambiental dos EUA detectou uma certa companhia jogando sulfúrico no Rio Mississipi, multou-a em U$200.000,00, mais U$2.500,00 por dia até que a companhia se ajustasse às normas federais que regulamentam índices de poluição. Expresse o total da multa como função do número x de dias em que a companhia continuou violando as normas federais e calcule para o número de 45 dias.

4. Uma companhia de software produz e vende uma nova planilha a um custo de R$15,00 por cópia, e que a companhia tem um custo mensal de R$20.000,00 por mês. Expresse o total do custo mensal como função do número x de cópias vendidas [C(x)], e calcule o custo quando forem realizadas 1000 cópias [C(1000)].

5. Suponha que a função custo-benefício é dada por $f(x) = \dfrac{10x^2}{x - 95}, 0 \le x \le 100$, em que x é a percentagem de algum poluente a ser removido e f(x) é o custo associado (em milhões de dólares). Encontre o custo para remover (25)%, (75)% e (100)% do poluente.

6. Suponha que um fabricante de brinquedos tem um custo fixo de R$6.000,00 (ex. aluguel, seguro, e empréstimos) o qual tem que ser pago, independente da quantidade de brinquedos produzidos. Somado ao custo fixo, existem

140 | *Noções de Lógica e Matemática Básica*

custos variáveis de R$1,50 por brinquedo. Em um regime de produção de x brinquedos, os custos variáveis são 1,5x (reais) e o custo total é de C(x) = 6.000 + 1,5x.

a) Encontre o custo para se produzir 2000 brinquedos.

b) Qual seria o custo adicional se o nível de produção fosse elevado de 2000 para 2400 brinquedos?

7. Determine **k** na função $f(x) = (k^2 - 196)x^2 + kx - (k + 1)$ para que ela seja quadrática.

8. Dada à função $f(x) = x^2 - 3x - 6$, calcule **x** para que $f(x) = 10$.

9. Com relação à função $f(x) = x^2 - 2x + m^2 - 9$, sabe-se que $f(0) = 1$. Calcule o valor de **m**.

10. Sabe-se que $f(x) = (25m - 50)x^2 + 3x + 2m^2$ é uma função do $2°$ grau e que $f(0) = 2$. Calcule o valor de **m**.

11. Determine **k** na função $f(x) = (k^2 - 4)x^2 + kx - (k + 2)$ para que ela seja quadrática.

12. Dada a função $f(x) = x^2 - 2x - 3$, calcule **x** para que:

a) $f(x) = 4$;

b) $f(x) = 1$;

c) $f(x) = 0$;

d) $f(x) = -4$;

e) $f(x) = -5$.

13. Dada à função $f(x) = ax^2 + bx + c$ e sabendo que $f(1) = -1$, $f(0) = -2$ e $f(3) = -5$, determine a, b e c.

14. Com relação à função $f(x) = 3x^2 - 5x + m^2 - 9$, sabe-se que $f(0) = 0$. Calcule o valor de **m**.

15. Sabe-se que $f(x) = (2m + 5)x^2 + 6x + 4m^2$ é uma função do $2°$ grau e que $f(0) = 25$. Calcule o valor de **m**.

Capítulo 5 – Conceito de Função | **141**

16. Determine as raízes ou zeros de cada função:

    a) $f(x) = x^2 - 5x + 6$

    b) $f(x) = 2x^2 - 3x - 5$

    c) $f(x) = 9x^2 - 24x + 16$

    d) $f(x) = -x^2 + 2x - 1$

    e) $f(x) = x^2 + 2x - 2$

    f) $f(x) = x^2 - 2x + 4$

17. Calcule o valor de **m** na função $f(x) = 3x^2 - 5x + m$ para que:

    a) Ela tenha duas raízes reais diferentes;

    b) Ela tenha duas raízes reais iguais;

    c) Ela não tenha raízes reais.

18. Sabemos que a soma S e o produto P das raízes x' e x'' de uma equação do 2° grau $ax^2 + bx + c = 0$ são S = -b/a e P = c/a, respectivamente. Com base nisso, calcule os valores de b e c na função $f(x) = x^2 + bx + c$, sendo suas raízes 2 e 5.

19. Calcule o valor de **k** na função $f(x) = x^2 + 2x + (k + 1)$ para que a soma de suas raízes seja igual ao produto.

20. Sabe-se que os zeros da função $f(x) = x^2 - 8x + k$ são x' e x''. Calcule o valor de **k** para que ocorra 2x' + 3x'' = 18.

21. Determine o valor de **k** na função $f(x) = 6x^2 - 11x - 1 + k$ para que um de seus zeros seja ½.

Respostas:

1. $f(0,6) = 0,7714$

2. a) $f(x) = \begin{cases} 0,1x, \text{ para } 1 \le x \le 20 \\ 0,08x + 15, \text{ para } x > 20 \end{cases}$

    b) $f(15) = R\$1,50$ e $f(35) = R\$17,80$

142 | *Noções de Lógica e Matemática Básica*

3. $y = 200.00 + 2.500x$ $y = R\$312.500,00$

4. $C(x) = 20.000 + 15x$ $y = R\$35.000,00$

5. $f(25) = 89,28$ $f(75) = 803,57$ $f(100) = 20.000$

6. a) $C = R\$9.000,00$ b) $R\$600,00$

7. $k^1 14$

8. $x' = 5,77$ e $x'' = -2,77$

9. $m = \sqrt{10}$

10. $m = \pm 1$

11. $k \neq \pm 2$

12. a)   5   d)   21

    b)   –4   e)   32

    c)   –3

13. $a = -1, b = 2, c = -2$

14. $m = \pm 3$

15. $m^1 -2,5$

16. a) $x' = 3$ e $x'' = 2$ d) $x' = x'' = -1$

    b) $x' = 2,5$ e $x'' = 1$ e) $x' = 0,732$ e $x'' = -2,732$

    c) $x' = x'' = 2,66$ f) x' e $x'' \notin \Re$

17. a) $m < 25/12$ b) $m = 25/12$ c) $m > 25/12$

18. $b = -7$ e $c = 10$

19. $k = -3$

20. $k = 11$

21. $k = 5$

Função Exponencial

Existem várias situações no cotidiano que relacionam grandezas que variam a taxas constantes. Dentre elas, destacam-se os juros em aplicações financeiras, o crescimento populacional, a depreciação de um bem, dentre outros. Para estudar estes fenômenos faz-se necessário o conhecimento das funções exponencial e logarítmica, as quais auxiliam profissionais de diversas áreas do conhecimento humano na execução de projeções e estimativas nos seus estudos.

Denomina-se função exponencial toda função f: $A \to \Re_+^*$ tal que $f(x) = a^x$, em que a é uma constante real positiva e diferente de 1.

Exemplos:

a) $f(x) = 2^x$
b) $g(x) = \left(\dfrac{1}{10}\right)^x$
c) $w(x) = 0,015^x$

Obtenção do seu gráfico

Considere a função $f(x) = 2^x$. Pode-se obter um esboço do seu gráfico através de uma tabela, a qual serão atribuídos valores reais para a variável x e calculados os respectivos valores de $f(x)$.

x	$f(x) = 2^x$
-3	1/8
-1	½
0	1
1	2
3	8

Com os pontos determinados, basta marca-los no plano cartesiano e traçar o gráfico conforme figura abaixo.

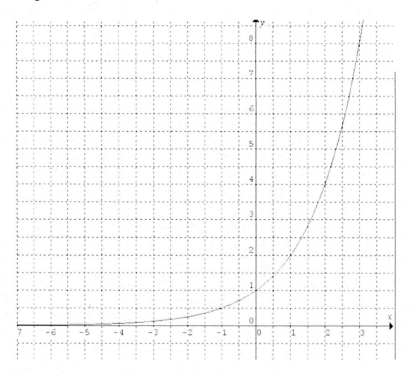

Propriedades da Função Exponencial

P1. Duas potencias de mesma base, positiva e diferente de 1, são iguais se, e somente se, seus expoentes são iguais. Ou seja:

$$a^x = a^y \Leftrightarrow x = y, \text{ "a, com } a \in \Re_+^* \text{ e a} \neq 1.$$

P2. A função exponencial $f(x) = a^x$ é crescente em todo seu domínio se, e somente se, $a > 1$. Tem-se então que:

$$a^{x_2} > a^{x_1} \Leftrightarrow x_2 > x_1, \text{ "a, com } a \in \Re \text{ e } a > 1.$$

P3. A função exponencial $f(x) = a^x$ é decrescente em todo seu domínio se, e somente se, $0 < a < 1$. Tem-se então que:

$$a^{x_2} > a^{x_1} \Leftrightarrow x_2 < x_1, \text{ "a, com } a \in \Re \text{ e } 0 < a < 1.$$

Capítulo 5 – Conceito de Função | **145**

Função Logarítmica

Das operações básicas que estudamos, de modo geral pode-se dizer que somar ou subtrair dois números é mais simples do que multiplica-los ou dividi-los. Foi com base nestas idéias que o escocês John Napier formalizou a teoria dos logaritmos, cujo objetivo é simplificar cálculos numéricos. Transformar uma multiplicação em adição ou uma divisão em subtração, são os princípios básicos dos logaritmos.

Para compreender o que significa logaritmo, considere uma potência de base positiva e diferente de 1. Por exemplo, $2^4 = 16$. Ao expoente dessa potência dá-se o nome de logaritmo, ou seja, 4 é o logaritmo de 16 na base 2. Simbolicamente, tem-se:

$$2^4 = 16 \Leftrightarrow \log_2 16 = 4$$

Exemplos:

a) $5^3 = 125 \Leftrightarrow \log_5 125 = 3$

b) $3^{-2} = 1/9 \Leftrightarrow \log_3 1/9 = -2$

Definição:

Sejam a e b números reais positivos e $b \neq 1$, denomina-se logaritmo de a na base b o expoente x tal que $b^x = a$. Simbolicamente, tem-se:

$$\log_b a = x \Leftrightarrow b^x = a$$

Onde:

- a denomina-se logaritmando;

- b denomina-se base do logaritmo;

- x denomina-se de logaritmo de a na base b.

Observação:

Denomina-se logaritmo decimal aquele de base 10. Indica-se o logaritmo decimal de um número a simplesmente por log a (a base 10 fica subentendida).

Propriedades dos Logaritmos

Decorre imediatamente da definição que para números reais positivos a e b, com $b \ne 1$:

P1. $\log_b b = 1$

De fato, fazendo $\log_b b = x$, tem-se $b^x = b$; logo x = 1.

P2. $\log_b 1 = 0$

De fato, fazendo $\log_b 1 = x$, tem-se $b^x = 1$; logo x = 0.

P3. $\log_b a^y = y \log_b a, \forall y, \text{com } y \in \Re$

De fato, fazendo $\log_b a = x$, tem-se $b^x = a$. Elevando-se ao expoente y ambos os membros dessa última igualdade, tem-se: $\left(b^x\right)^y = a^y \Leftrightarrow b^{yx} = a^y$. Pela definição de logaritmo, tem-se: $b^{yx} = a^y \Leftrightarrow yx = \log_b a^y$. Como x = $\log_b a$, tem-se, finalmente: $\log_b a^y = y \log_b a$

P4. $\log_b b^x = x, \forall x, \text{com } x \in \Re$

De fato, pelas propriedades L3 e L1, tem-se $\log_b b^x = x \log_b b = x.1$, portanto, $\log_b b^x = x$.

P5. $b^{\log_b a} = a$

De fato, fazendo $\log_b a = x$, tem-se $b^x = a$. Substituindo-se, nessa última igualdade, x por $\log_b a$, tem-se: $b^{\log_b a} = a$.

Sendo a, b e c números reais positivos, com $b \ne 1$, têm-se as seguintes propriedades:

P6. $\log_b ac = \log_b a + \log_b c$

P7. $\log_b \dfrac{a}{c} = \log_b a - \log_b c$

P8. Mudança de Base

$$\log_b a = \frac{\log_k a}{\log_k b}, \forall k, \text{com } k \in \Re_+^* e\, k \ne 1$$

Capítulo 6

Aplicações Práticas

Demanda ou Procura de Mercado

É a função que a todo preço P associa a demanda ou procura de mercado, isto é, a soma das quantidades que todos os compradores do mercado estão dispostos e aptos a adquirir a um preço P, em determinado período de tempo, que pode ser um dia, uma semana, um mês etc. Em Economia, surgem muitos casos em que a quantidade de demanda de um certo bem e seu preço são relacionados por uma função do $1°$ grau, ou seja, tal relação é graficamente representada por uma reta, obedecendo a certas condições.

A representação gráfica dessa curva é a curva de demanda da utilidade. Observe que para que haja demanda, é necessário que $P > 0$ e $D(p) > 0$.

Exemplos:

1. Suponhamos que a demanda de mercado de um produto, que é vendido em pacotes de 10Kg, seja dada por: $D = 4.000 - 50P$

   a) Determinar o intervalo de variação de P:

   $D = 4.000 - 50P$

   $D > 0$

   $4.000 - 50P > 0$ à $P < 80$

   Resposta: P $]0, 80[$

b) Determinar o intervalo de variação de D:

P = (4.000 – D)/50

P > 0

(4.000 – D)/50 > 0

D < 4.000

Resp.: D]0, 4.000[

c) Representar graficamente a função demanda de mercado:

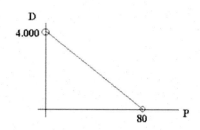

d) Determinar o valor da demanda para P = R$60,00 e P = R$40,00:

D = 4.000 – 50P

D(60) = 4.000 – 50*60

D(60) = 1.000

D(40) = 4.000 – 50*40

D(40) = 2.000

e) A que nível de preço a demanda será de 3.500 pacotes?

3.500 = 4.000 – 50P

P = R$10,00

f) A partir de que preço a demanda será menor que 1.000 pacotes?

D = 4.000 – 50P

D < 1.000

4.000 – 50P < 1000

P > R$60,00

Capítulo 6 – *Aplicações Práticas* | **149**

2. Supondo que a demanda de mercado dada por $D = 16 - P^2$, resolver as seguintes questões:

a) Calcular o valor da demanda para $P = 3$:

$D = 16 - P^2$

$D = 16 - 3^2$

$D = 7$

b) Explicitar o valor de P como função de D:

$D = 16 - P^2$

$$P = \sqrt{16 - D}$$

c) A que preços a demanda ficará entre 7 e 15 unidades?

$D = 16 - P^2$

$D > 7$

$16 - P^2 > 7$

$P < R\$3,00$

$D = 16 - P^2$

$D < 15$

$16 - P^2 < 15$

$P > R\$1,00$

Oferta de Mercado

Oferta S de mercado de uma utilidade cotada a um preço P é a soma das quantidades que todos os produtores estão dispostos e aptos a vender ao preço P, durante certo período de tempo.

A função que associa todo preço P à respectiva oferta de mercado é a função oferta de mercado. Sua representação gráfica constitui a curva de oferta da utilidade. Para que haja oferta, é necessário, naturalmente, que $S > 0$.

150 | *Noções de Lógica e Matemática Básica*

Exemplos:

1. Considere a oferta $S = P^2 - 64$, com P £ 20.

    a) A partir de que preço haverá oferta?

    $S = P^2 - 64$

    $S > 0$

    $P^2 - 64 > 0$

    $P > R\$8,00$

    b) Qual o valor da oferta para $P = 20$?

    $S = P^2 - 64$

    $S = 20^2 - 64$

    $S = 336$ unidades

    c) A que preço a oferta será de 300 unidades?

    $S = P^2 - 64$

    $300 = P^2 - 64$

    $P = R\$19,07$

    d) A partir de que preço a oferta será maior do que 57 unidades?

    $S = P^2 - 64$

    $S > 57$

    $P^2 - 64 > 57$

    $P > R\$11,00$

Preço de equilíbrio e quantidade de equilíbrio

Lei da oferta e da procura: O preço de mercado P de um produto indica o número de unidades que o fabricante deseja vender, assim como o número de unidades que o consumidor deseja comprar. Na maioria dos casos, à medida que o preço P de mercado aumenta, a oferta S aumenta e a demanda D diminui.

O preço de equilíbrio de mercado (PE) é o preço para o qual a demanda e a oferta de mercado coincidem (D = S). A quantidade correspondente ao preço de equilíbrio é a quantidade de equilíbrio de mercado (QE).

Se para uma determinada quantidade, a oferta for maior que a procura haverá excesso do produto, caso contrário, haverá escassez do mesmo.

Exemplos:

1. Dadas a demanda de mercado D = 20 – P e a oferta S = -20/3 + 5/3P, determinar o preço de equilíbrio (PE) e a correspondente quantidade de equilíbrio (QE).

    D = S

    20 – P = -20/3 + 5/3P

    P = 10

    PE = R$10,00

    D = 20 – P

    P = 10

    D = 20 – 10

    D = 10

Graficamente:

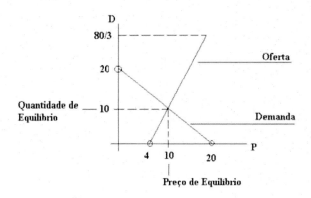

Receita Total

Sendo P o preço de venda por unidade de um determinado bem e D a respectiva quantidade vendida, a receita total R_T é dada por:

$$R_T = P \cdot D$$

Exemplo:

P	D	$R_T = P \cdot D$
5	20	100
7	15	105

Exemplos:

1. Suponha que a demanda de mercado seja dada por D = 40 − 5P, em que 0 < P < 8 e 0 < D < 40. Determine a máxima receita total em função da demanda dada.

   $R_T = P \cdot D$

   $D = 40 - 5P$

   $P = (40 - D)/5$

   $R_T = [(40 - D)/5] \cdot D$

   $R_T = 8D - 1/5 D^2$, com 0 < D < 40.

Esboço:

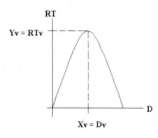

Receita Total Máxima = Coordenada y do vértice

$y_v = -(b^2 - 4ac)/4a = -(64 - 4 \cdot 1/5 \cdot 0)/4 \cdot (-1/5) = R\$80,00$

Custo Total

A função custo é dada pela soma de duas parcelas: o custo fixo (C_F) e o custo variável (C_V). O custo fixo não depende da quantidade produzida. Já o variável é diretamente dependente da quantidade produzida.

$$\text{Custo Total} = \text{Custo Fixo} + \text{Custo Variável}$$

$$C_T = C_F + C_V$$

Exemplo:

1. Se o custo total associado à produção de uma mercadoria é dado em reais por CT = 20 + 4q, para $0 \leq q \leq 200$, então, para a produção de 50 unidades, temos:

   Custo Fixo = 20

   Custo Variável = $4q = 4 \cdot 50 = 200$

   $C_T = C_F + C_V$

   $C_T = 20 + 200$

   $C_T = 220$

Lucro Total

O lucro total (L_T) é dado pela diferença entre a receita total (R_T) e o custo total (C_T), ou seja:

$$L_T = R_T - C_T \qquad (1)$$

Sabe-se que a receita total é dada por:

$$R_T = P \cdot x \qquad (2)$$

Onde:

P → preço;

x → demanda;

Sabe-se ainda que o custo total é dado por:

$$\text{Custo Total} = \text{Custo Fixo} + \text{Custo Variável}$$

$$C_T = C_F + C_V \qquad (3)$$

154 | *Noções de Lógica e Matemática Básica*

Substituindo (2) e (3) em (1) obtemos uma equação genérica do lucro total em função da demanda x, dada por:

$$L_T = R_T - C_T$$

$$L_T = P \cdot x - (C_F + C_V)$$

$$L_T = P \cdot x - C_F - cv \cdot x$$

$$L_T = P \cdot x - cv \cdot x - C_F$$

$$L_T = (P - cv).x - C_F \qquad (4)$$

Observe que, se o resultado dessa função for negativo, significa que, ao invés de lucro, houve prejuízo.

O ponto onde as duas funções se igualam (R = C) é chamado ponto de nivelamento ou *break-even point*. Observe que para quantidades menores que a quantidade relativa ao ponto de nivelamento, haverá prejuízo para o fabricante, pois o custo será maior que a receita; mas se a quantidade produzida for maior que a quantidade relativa ao ponto de nivelamento, o fabricante terá lucro.

Exemplo de Aplicação:

Uma companhia investe R$70,00 em uma máquina para fabricar um novo produto. Cada unidade do produto custa R$10,00 e é vendido por R$20,00. Seja x o número de unidades produzidas e vendidas.

a) Escreva a receita total R como função de x e represente graficamente.

$R_T = P \cdot x \rightarrow$ como o preço de venda é R$20,00 por unidade, logo a receita será dada pela seguinte equação:

$$R_T = 20 \cdot x$$

Gráfico:

Unidades	Receita Total
0	0
1	20
2	40
3	60
...	...

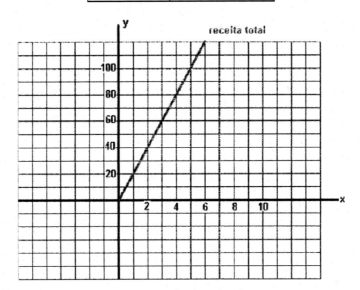

b) Escreva o custo total C como função de x e represente graficamente.

$C_T = C_F + C_V$ → o custo fixo é 70 reais (preço do equipamento) e o variado é 10 reais por unidade produzida, logo:

$C_T = 70 + 10.x$

Gráfico:

Unidades	Custo Total
0	70
1	80
2	90
3	100
...	...

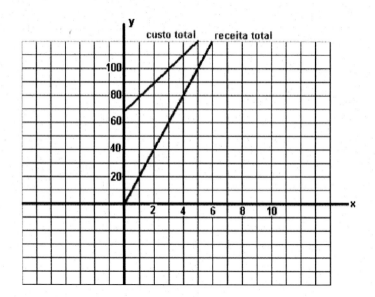

c) Escreva o lucro L como função de x e represente graficamente.

Podemos determinar o lucro de duas maneiras:

I) Usando a equação (1), temos:

$L_T = R_T - C_T$

$L_T = 20.x - (70 + 10.x)$

$L_T = 20.x - 70 - 10.x$

$L_T = 10.x - 70$

Capítulo 6 – Aplicações Práticas | **157**

II) Usando a equação (4), temos:

$$L_T = (P - cv).x - C_F$$
$$L_T = (20 - 10).x - 70$$
$$L_T = 10.x - 70$$

Gráfico:

Unidades	Lucro Total
0	-70
1	-60
2	-50
...	...
7	0
8	10
9	20
10	30
...	...

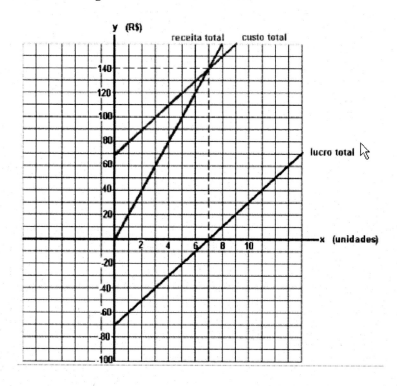

Conclusões sobre o lucro total:

1º Analiticamente e graficamente, observamos que para a produção de 7 unidades a receita total e o custo total são iguais. Logo, o lucro total é zero, também chamado de ponto de equilíbrio deste problema.

$R_T = 20 \cdot 7 = 140$

$C_T = 70 + 10.x = 70 + 10.7 = 140$

$L_T = R_T - C_T = 140 - 140 = 0$

Então, o ponto de equilíbrio é dado pelo ponto E(7, 140), o que indica que a produção de 7 unidades acarreta em um lucro de R$140,00.

Capítulo 6 – Aplicações Práticas | 159

2° Se a empresa produzir $0 \le x \le 6$ unidades, o lucro será negativo, ou seja, a empresa terá prejuízo. Isto ocorre devido ao fato da receita ser menor do que o custo, para este intervalo de produção.

3° Para a empresa obter um lucro positivo, terá de produzir mais de 7 unidades ($x > 7$). Neste caso, a receita será maior do que o custo, o que proporcionará o lucro total à empresa.

Exemplos:

1. O custo variável por unidade de produção de um certo bem é R$12,00 e o seu custo fixo associado à produção é de R$60,00 para quantidades variáveis na faixa de zero a 1000 unidades. Se o preço de venda na mesma faixa é de R$20,00 por unidade, identificar:

    a) Custo Total:

    $$C_T = 60 + 12q, \ 0 \le q \le 1000$$

    b) Receita Total:

    $$R_T = P \cdot D$$
    $$R_T = 20 \cdot D, \ 0 \le q \le 1000$$

    c) Lucro Total:

    $$L_T = R_T - C_T$$
    $$L_T = 20q - 60 - 12q$$
    $$L_T = 8q - 60, \ 0 \le q \le 1000$$

    d) A produção necessária para um lucro total de R$3.940,00

    $$3940 = 8q - 60$$
    $$q = 500 \text{ unidades}$$

2. O preço de venda de um produto é de R$15,00 por unidade, na faixa de zero a 30.000 unidades. A venda de 5.000 unidades dá um lucro total de R$10.000,00. Sabendo que o custo fixo de produção na mesma faixa é de R$1.800,00, calcular:

160 | *Noções de Lógica e Matemática Básica*

a) O custo variável para uma produção de 5.000 unidades:

$$L_T = R_T - C_T$$

$$L_T = P \cdot D - (C_F + C_V)$$

$$10.000 = 15 \cdot 5.000 - (1.800 + C_V)$$

$$C_V = 63.200$$

b) A produção necessária para um lucro de R$50.000,00:

$$L_T = R_T - C_T$$

$$L_T = 50.000$$

$$R_T = 15q$$

$$C_T = C_F + C_V = 1.800 + 63.200/5000q = 1.800 + 12,64q$$

$$50.000 = 15q - 1.800 - 12,64q$$

$$q = 21.949,15 \text{ unidades}$$

Exercícios

1. Para cobrir os custos e obter um lucro razoável, o proprietário de um hotel de 20 apartamentos deve ter uma receita anual de 66.000 dólares. Se o nível de ocupação médio é 70% e se a diária é a mesma para todos os apartamentos, qual deve ser essa diária?

   Resposta:

   D = diária para a receita necessária.

   $$(0,7)(20)(365)D = 66.000$$

   Cerca de 13 dólares (12,92).

2. Sabe-se que, em média, 2% dos artigos produzidos por uma empresa revelam-se defeituosos antes de serem expedidos. Assim, quantos artigos em média deveriam ser produzidos a fim de se expedirem 1.000 não defeituosos?

   Resposta:

   x = número de artigos fabricados

   $$x - 0,02x = 1.000$$

   Logo, cerca de 1020 artigos.

Capítulo 6 – *Aplicações Práticas* | **161**

3. Suponha que você ganhe 3,5 reais por hora. Do total de seu salário, há uma dedução de 25% para imposto de renda, seguridade social e imposto sindical. Quantas horas você deve trabalhar numa semana para ter um salário líquido de 140 dólares?

Resposta:

h = horas de trabalho para ganhar 140 dólares

3,5h – (0,25)(3,5h) = 140 ou (0,75)(3,5)h = 140

53,333 horas.

4. Há alguns anos, os transportadores de cimento fizeram uma greve de 46 dias. Admitindo-se que eles ganhassem R$7,50 por hora e trabalhassem 260 dias por ano, oito horas por dia, antes da greve, que porcentagem de aumento seria necessária em seus salários anuais para compensar, dentro de um ano, o tempo de paralisação?

Resposta:

Salário anual antigo: R$15.600,00

Perda de salário: R$2.760,00

x = fator pelo qual se deve multiplicar o salário antigo para compensar a perda.

15.600x = 18.360

x = 1,18

Seria necessário um aumento de 18%.

5. A depreciação linear é um dos vários métodos aprovados pelo Internal Revenue Service em questões de depreciação de bens. Se o preço de custo original de um bem é C e ele se deprecia linearmente ao longo de N anos, seu valor V ao fim desses anos é dados por:

$$V = C\left(1 - \frac{n}{N}\right)$$

Uma máquina que custa originalmente US$10.000,00 deprecia-se linearmente ao longo de 20 anos. Depois de quanto tempo ela valerá US$6.500,00.

162 | *Noções de Lógica e Matemática Básica*

Resposta:

$$6.500 = 10.000\left(1 - \frac{n}{20}\right)$$

$n = 7$ anos

6. Em Business Mathematics, de Richmeyer e Foust, o tamanho do sapato S e o tamanho do pé P relacionam-se pela fórmula S = 3P − 24 (P em polegadas).

I. Essa fórmula é precisa para o seu pé?

II. Ela é razoável?

III. Se o comprimento de seu pé é 12 polegadas (=30,48 cm), que tamanho de sapato deve você usar, de acordo com essa fórmula?

Resposta:

a) As respostas variarão.

b) Achamos que não é razoável para mulheres e crianças, mas razoável, embora não precisa, para homens.

c) Tamanho 12.

7. O custo mensal de manutenção de um carro depende de quanto ele rodar. De acordo com o número de setembro de 1970 da revista Changing Times, a manutenção de um carro fica em US$96,00 se ele rodar 200 milhas (=321,8 km) por mês e US$128,00 se ele rodar 1.000 milhas (=1.609 km) por mês. (Estes custos devem ser muito mais altos hoje em dia).

I. Admitindo que uma função linear seja um modelo adequado para exprimir como o custo varia com a distância, escreva esta equação.

II. Faça uma projeção do custo mensal para as seguintes situações de rodagem: 300, 500 e 1.500 milhas por mês (respectivamente 482,7; 804,5 e 2.413,5 km/mês).

III. Que quantidade do mundo real o coeficiente angular dessa função representa?

IV. De acordo com esse modelo, a manutenção de um carro que roda 0 km por mês fica em US$88,00 isto é razoável?

V. Por que uma função linear é um modelo adequado para esse problema?

Resposta:

a) C = 25/n + 88 (C = custo; n = distância).

b) (300, 100); (500, 108); (1.500, 148).

c) Custo por milha de gasolina, óleo, pneus,...

d) Sim. Seguro, licenciamento, depreciação,...

e) É um modelo razoável porque o custo global se compõe de despesas fixas e despesas por milha rodada.

8. Se você ganhar 60 dólares todo ano em seu aniversário e não gastar nada desse dinheiro, depois de três aniversários terá juntado 180 dólares. Mas, se for pondo este dinheiro num banco a juros, ou aplica-lo de alguma outra maneira, ficará com uma importância maior.

I.   Se puder conseguir uma taxa de juros de r por cento ao ano, com quanto estará no terceiro aniversário?

II. Para estar com 200 dólares no terceiro aniversário, que taxa seria necessária?

Resposta:

a) Primeiro aniversário: 60.

Segundo aniversário: $\left(60 + 60\dfrac{r}{100} \right) + 60 = 120 + 0{,}6r$

Terceiro aniversário:

$$120 + 0{,}6r + (120 + 0{,}6r)\dfrac{r}{100} + 60 = 180 + 1{,}8r + 0{,}006r^2$$

b) Cerca de 11% (10,73%).

9. O preço da pizza depende do custo dos ingredientes e das despesas gerais. Suponha que as despesas gerais (isto é, as despesas com a lenha para o forno, o tempo de trabalho do *pizzaiolo*, a energia elétrica, o aluguel, etc.) para se fazer uma pizza não dependam do tamanho da pizza.

I.   Se uma pizza de 25cm de diâmetro é vendida por 3,50 dólares e uma de 30cm de diâmetro é vendida por 4,50 dólares, escreva uma função para o preço da pizza na forma $P = kd^2 + G$, em que d é o diâmetro, G indica as despesas gerais e P o preço de venda da pizza.

164 | *Noções de Lógica e Matemática Básica*

II. Qual seria o preço de uma pizza de 35cm de diâmetro?

III. Para qual das pizzas a relação custo-benefício é mais favorável ao comprador?

IV. O *pizzaiolo* deseja fazer uma superpizza a ser vendida a 10 dólares. Admitindo-se que o preço de venda seja calculado da mesma maneira, que diâmetro deverá ter a pizza?

Resposta:

a) $P = \dfrac{10d^2 + 3.375}{2.750}$

b) 5,68 dólares.

c) 35cm de diâmetro.

d) 49,11 cm de diâmetro, aproximadamente.

Exercícios da ANPAD

Os exercícios desta seção foram selecionados do Teste da Anpad dos últimos 5 anos. Foram escolhidos apenas aqueles que abordam os conteúdos deste livro. O objetivo desta última série é, fazendo-se uso de um teste aplicado a nível nacional, avaliar o conhecimento do aluno após ter estudado a teoria dos conteúdos e os praticado nos exemplos resolvidos, exercícios propostos e exercícios de aprofundamento.

1. Para que a afirmativa "TODO MATEMÁTICO É LOUCO" seja falsa, basta que:

    a) Todo menino seja louco.

    b) Todo louco seja matemático.

    c) Algum louco não seja matemático.

    d) Algum matemático seja louco.

    e) Algum matemático não seja louco.

2. Considere o conjunto $A = \{0, 1, 2, 4, 8\}$. Somando-se todas as maneiras possíveis dois ou mais elementos distintos de A obtemos:

    a) 10 números diferentes.

    b) 12 números diferentes.

166 | *Noções de Lógica e Matemática Básica*

c) 15 números diferentes.

d) 8 números diferentes.

e) 20 números diferentes.

3. Em uma pesquisa com 46 estudantes, constatou-se que 23 gostava de rock, 24 de bossa nova e 19 de pagode; 12 gostavam de rock e bossa nova, 13 de rock e pagode, 14 de bossa nova e pagode e 9 gostavam de todos os três tipos. Quantos estudantes não gostavam de nenhum dos três tipos de música?

a) 10

b) 13

c) 15

d) 12

e) 18

2. Os próximos dois números na seqüência 1, 2, 3, 5, 8, 13, 21, ... são:

a) 34, 55

b) 43, 55

c) 47, 62

d) 35, 54

e) 34, 54

3. Um trêm sai de Belo Horizonte para o Rio de Janeiro às 18:00 horas com velocidade constante de 50 km/h; um segundo trêm inicia o mesmo percurso às 19:00 horas, em trilhos paralelos aos do primeiro, com velocidade constante de 60 km/h. A distância de Belo Horizonte ao Rio de Janeiro é de 480 km. Assinale a conclusão que decorre destes fatos.

a) Os trens nunca vão se emparelhar.

b) Os trens vão se emparelhar uma vez antes de chegar ao Rio.

c) Os trens vão se emparelhar duas vezes antes de chegar ao Rio.

d) Os trens só vão se emparelhar ao chegar ao Rio.

e) Não é possível chegar a uma conclusão a partir dos fatos apresentados.

Exercícios da ANPAD | 167

4. Seu professor de geometria pede para você calcular um lado de um triângulo escaleno usando as leis dos cossenos. Qual das respostas abaixo não pode ser correta?

a) $\sqrt{7}$

b) 0,0005

c) π

d) - 1,27

e) $\dfrac{20}{9}$

5. Uma festa tem 8 convidados, que se cumprimentam com um aperto de mão. Sabendo-se que qualquer convidado cumprimentou todos os outros exatamente uma vez, quantos apertos de mão aconteceram?

a) 56

b) 8

c) 32

d) 28

e) 16

6. Marcos mente as sextas, sábados e domingos, e fala a verdade nos outros dias da semana. Joana mente as terças, quartas e quintas, e fala a verdade nos outros dias da semana. Se hoje ambos dizem que mentiram ontem, que dia da semana é hoje?

a) Domingo.

b) Quinta.

c) Sexta.

d) Segunda.

e) Quarta.

7. Suponha que a e b sejam números inteiros tais que a = b + 1, e considere as seguintes afirmações:

(1) a é maior que b.

Noções de Lógica e Matemática Básica

(2) a^2 é maior que b^2.

(3) a e b são ímpares.

Pode-se, então, afirmar que:

a) (1), (2) e (3) são verdadeiras.

b) (1) e (2) são verdadeiras e (3) é falsa.

c) (1) e (2) são falsas e (3) é verdadeira.

d) (1) é verdadeira e (2) e (3) são falsas.

e) (1), (2) e (3) são falsas.

8. Qual das seguintes respostas melhor se adapta à pergunta. Quantos metros cúbicos de ar se encontram em um quarto de tamanho médio de um apartamento comum?

a) 1

b) 500

c) 5

d) 30

e) 150

$$\frac{x.y}{2}$$

9. Sabe-se que João ama Maria, então José ama Marta. Por outro lado, sabemos que José não ama Marta, e podemos concluir que:

a) João e José amam Maria.

b) José ama Maria e João ama Marta.

c) João não ama Maria e José ama Marta.

d) José não ama Marta e João não ama Maria.

e) João ama Maria e José não ama Marta.

10. Se x e y são inteiros e consecutivos, então uma expressão que representa, necessariamente, um número inteiro e par é:

a) x

b) y

c)

Exercícios da ANPAD | **169**

d) $\dfrac{x}{y}$

f) x y

11. Para que a proposição "todos os homens são bons cozinheiros" seja falsa, é necessário que:

a)   Todas as mulheres sejam boas cozinheiras.

b)   Algumas mulheres sejam boas cozinheiras.

c)   Nenhum homem seja um bom cozinheiro.

d)   Todos os homens sejam maus cozinheiros.

e)   Ao menos um homem seja mau cozinheiro.

12. Em um centro de cópias as primeiras 10 cópias custam x centavos cada. Cada uma das próximas 50 cópias custa 5 centavos a menos por cópia. Da cópia número 61 em diante o custo é 2 centavos por cópia. Então, o custo em centavos, em termos de x, de 200 cópias é dado por:

a) $60x + 30$

b) $50x - 10$

c) $50(x - 5)$

d) $60x - 110$

e) $10x + 490$

15. Em um grupo de estudantes 12 estão na classe de Química, 10 na de Física, 3 estudam Química e Física e 5 não estudam nem Química nem Física. Quantos estudantes estão no grupo?

a)   22

b)   20

c)   24

d)   18

e)   19

170 | *Noções de Lógica e Matemática Básica*

16. Em uma sala de aula com 20 alunos, 12 jogam basquete e 16 gostam de trabalhar no computador. Assim, o percentual de alunos que jogam basquete e gostam de trabalhar no computador é:

a) Exatamente 40%.

b) Exatamente 60%.

c) No mínimo 40%.

d) No mínimo 40%.

e) No mínimo 60%.

17. Ana mandou fazer um vestido para ir a uma recepção, mas não sabe se o mesmo ficará pronto. Suas amigas, Júlia, Sandra e Valéria têm opiniões diferentes sobre se o vestido ficará ou não pronto até a hora de Ana se vestir para a recepção. Se Júlia estiver certa, então Valeria está enganada. Se Valéria estiver enganada, então Sandra esta enganada. Se Sandra estiver enganada, então o vestido não ficará pronto. Ou o vestido fica pronto, ou Ana não irá a recepção. Ora, verificou-se que Júlia está certa. Logo:

a) O vestido fica pronto.

b) Sandra e Valeria não estão enganadas.

c) Valeria estava enganada, mas não Sandra.

d) Sandra estava enganada, mas não Valeria.

e) Ana não irá à recepção.

18. Se "Alguns professores são matemáticos" e "Todos matemáticos são pessoas alegres", então, necessariamente:

a) Toda pessoa alegre é matemático.

b) Todo matemático é professor.

c) Algum professor é uma pessoa alegre.

d) Nenhuma pessoa alegre é professor.

e) Nenhum professor não é alegre.

Exercícios da ANPAD | **171**

19. X é A, ou Y é B. Se X é A, então Z é C. Ora, Y não é B. Logo,

    a) X não é A.

    b) Z é C.

    c) Z não é C e X é A.

    d) Z não é C, ou Y é B.

    e) Se Z é C, então Y é B.

20. Se X não é igual a 3, então Y é igual a 5. Se X é igual a 3, então Z não é igual a 6. Ora, Z é igual a 6. Portanto:

    a) Y é igual a 5.

    b) X é igual a 3.

    c) X é igual a 3, ou Z não é igual a 6.

    d) X é igual a 3, e Z é igual a 6.

    e) X não é igual a 3, e Y não é igual a 5.

21. Os resultados de uma pesquisa realizada em uma grande capital indicam que 40% de seus habitantes costumam ler o jornal denominado "Gazeta Informativa", enquanto que 30% costumam ler um outro jornal, também local, denominado "Diário Esclarecedor". A pesquisa informa, também, que apenas 10% dos habitantes desta cidade lêem os dois jornais. Assim, se nesta grande capital existirem 1.500.000 habitantes, o numero de pessoas que não lêem nenhum dos dois jornais é igual a:

    a) 600.000

    b) 650.000

    c) 750.000

    d) 800.000

    e) 850.000

22. Uma locadora de carro tem 300 veículos dos quais 30% são carros 4 portas. De todos os veículos da locadora, 20% tem motor a gasolina. Sabendo-se que 15

172 | *Noções de Lógica e Matemática Básica*

carros 4 portas têm motor a gasolina, a porcentagem de carros da locadora que não são a gasolina e nem tem 4 portas é:

a) 10%

b) 55%

c) 60%

d) 75%

e) 90%

23. A média entre quatro valores, a saber, 3x, (x+5) , (2 - 3x) e (25 - x), é igual:

a) 5

b) 8

c) 6

d) 15

e) 22

24. Uma sentença logicamente equivalente a "Se X é Y, então Z é W" é:

a) X é Y ou Z é W.

b) X é Y ou Z não é W.

c) Se Z é W, X é Y.

d) Se X não é Y, então Z não é W.

e) Se Z não é W, então X não é Y.

25. O próximo número da seqüência 3, 10, 4, 18, 5, 28, 6, ...é:

a) 37

b) 38

c) 39

d) 40

e) 41

Exercícios da ANPAD | 173

26. Um casal pretende ter três filhos. As possibilidades quanto à seqüência de sexo dos filhos são em número de:

a) 3

b) 4

c) 6

d) 7

e) 8

27. Numa cidade ocorrem 480 acidentes envolvendo automóveis. Em 160 deles os carros eram dirigidos por mulheres. Com estes dados, ao se comparar o desempenho de homens e mulheres como motoristas, pode-se dizer que:

a) As mulheres são três vezes mais cuidadosas e seguras ao volante do que os homens.

b) Os homens são mais cuidadosos e seguras ao volante do que os homens.

c) Nada se pode concluir sobre tal desempenho.

d) Há três vezes mais homens dirigindo nesta cidade do que mulheres.

e) Homens e mulheres nesta cidade têm o mesmo desempenho ao volante.

28. Um vendedor recebe um salário mensal de R$ 600,00 mais uma comissão de 5% sobre as vendas. A equação que descreve o salário S do vendedor em função das suas vendas mensais x é dada por:

a) $S = 600 + 0,95x$

b) $S = 600 + 0,5x$

c) $S = 600 + \dfrac{x}{20}$

d) $S = 600 + \dfrac{x}{5}$

e) $S = 600 + \dfrac{x}{95}$

Respostas

1. Para que uma generalização seja falsa, basta um exemplo de negação da mesma. Letra e.

2. Para efeito de combinações diferentes de soma de números, devemos primeiro isolar o 0, já que nele não afeta o resultado das somas quando incluído nas contas, considerando apenas combinações com os demais elementos. Assim, teríamos num primeiro momento $C_2^4 + C_3^4 + C_4^4$ o que resulta em 11 combinações de soma dos números. Agora devemos incluir os pares das somas de 0 com os demais elementos, o que dá mais 4 resultados possíveis. S fossem consideradas as demais possibilidades (triplas com o 0 incluso, por exemplo), haveria repetição de resultados. Portanto, é possível obter 11 + 4 = 15 números diferentes. Letra C.

3. Podemos raciocinar em termos de conjuntos, onde cada conjunto abaixo representa as preferências musicais dos jovens:

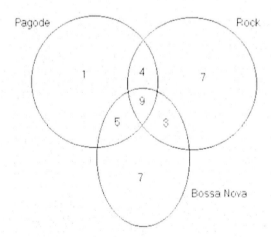

Verifica-se, portanto, que 36 alunos gostam de pelo menos um estilo musical. Conseqüentemente, dos 46 entrevistados 10 não gostam de nenhum dos três tipos de música. Letra a.

Exercícios da ANPAD | 175

4. A seqüência mostrada segue a lógica de que um número posterior é igual à soma dos dois números anteriores. Assim sendo, os próximos números seriam $13 + 21 = 24$ e $34 + 21 = 55$. Letra a.

5. O segundo trem a partir tem velocidade superior ao primeiro, mais exatamente, 10 km/h superior. Ás 19:00h, o primeiro trem terá percorrido 50 km. Como o segundo trem "tira" 10 km de diferença por hora, às 00:00h o segundo trem se emparelhará com o primeiro, no quilometro 300 da estrada de ferro, ultrapassando-o em seguida. Letra b.

6. Independente do tipo de triângulo ou equação trigonométrica associada, não existe medida de lado de triângulo negativa. Portanto, o valor -1,27, em hipótese nenhuma seria obtido. Letra d.

7. Se pensarmos nos oito convidados enfileirados, o primeiro deles cumprimenta os sete demais, o segundo os seis restantes, o terceiro os cinco restantes, e assim por diante, obtendo-se 28 cumprimentos de mão. Letra d.

8. A partir dos dados do problema, podemos montar o esquema abaixo, onde V corresponde aos dias em que são ditas verdades e M os dias nos quais se dizem mentiras:

	2^a	3^a	4^a	5^a	6^a	S	D
Marcos	V	V	V	M	M	M	
Joana	V	M	M	M	V	V	V

O único dia no qual os dois podem dizer "menti ontem" é Sexta, quando Marcos estaria mentindo sobre Quinta e Joana falaria a verdade sobre Quinta. Letra c.

9. (1) é verdadeira porque a é sempre maior que b.

   (2) é falsa porque se pensarmos em termos de a e b negativos, b^2 seria maior que a^2.

   (3) é falsa porque se pensarmos em termos de números inteiros sempre que um for ímpar o outro será par, e vice versa. Letra d.

10. É Razoável supor que as medidas de um quarto médio de apartamentos sejam 3m x 3m x 3m. Seu volume seria igual a 27 m^3. A resposta que menos se afasta dessa medida é a d. Letra d.

11. Se a condição de amar de José depende da condição de amar de João, e sabemos que José não ama Marta, isso só pode ser o reflexo de João não amar Maria. Letra d.

12. Basta ter como hipótese cada afirmativa, resolvendo através de exemplos. Como não se fala no início se x ou y é par, então estão descartadas as letras a e b. $\dfrac{x.y}{2} = \dfrac{2.3}{2} = 3$, que não é par ; x.y = 6. Letra e.

13. Basta dizer que algum homem é mau cozinheiro, pela própria negação da condicional. Letra e.

14. De acordo com os dados do problema, para 200 cópias teremos: 10x para as primeiras 10 cópias, 50(x-5) para as cópias 11 a 60 e 140.2 para as cópias restantes. Somando as três sentenças abertas, teremos 60x - 30 como resposta, onde x é o preço das primeiras cópias. Letra a.

15. Podemos representar os números do enunciado na forma de conjuntos:

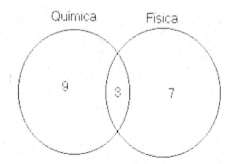

Verifica-se, portanto, que 19 alunos estudam física e/ou química. Se 5 alunos do grupo não estudam nem física nem química, no total temos 24 alunos. Letra e.

16. O percentual de alunos que jogam basquete e gostam de trabalhar no computador é:

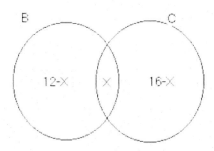

Quando completamos o diagrama, se somarmos todos os participantes, o resultado será igual a 20. Assim 12 – x + x + 16 = 20, implica em x = 8. Calculando quanto valem 8 alunos em termos de porcentagem:

$x = \dfrac{8.100\%}{20} = 40\%$. Letra c.

17. Para resolver este exercício é necessário apenas ler o enunciado de cima pra baixo ao mesmo tempo em que se verifica a opção do gabarito. Letra e.

18. O enunciado permite concluir que algum professor que dê aula de matemática é alegre. Letra c.

19. Tomando-se o enunciado, por hipótese, temos que X é A, ou Y é B. Fazendo sua negação temos X não é A e Y não é B. Uma expressão equivalente à condicional se X é A, então Z é C será se X não é A ou Z é C. Letra b.

20. Para obtermos a expressão que queremos, faremos a negação do enunciado do problema. S X é igual a 3, então Z não é igual a 6; implica que se Z é igual a 6, então X não é igual a 3. Mas sabemos pela outra proposição que X não é igual a 3, então Y é igual a 5. Usando a transitividade, temos que se Z é igual a 6, então Y é igual a 5. Letra a.

178 | *Noções de Lógica e Matemática Básica*

21. Devemos calcular quanto vale cada porcentagem: 40% de 1.500.000 = 600.000; 30% de 1.500.000 = 450.000; 10% de 1.500.000 = 150.000. Tendo obtido os números, podemos representá-los nos diagramas abaixo, começando pela interseção entre eles e, depois, fazendo a diferença entre o total e a interseção para completar cada balão separado.

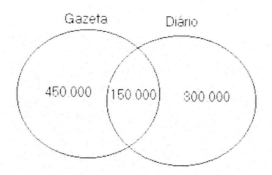

Se somarmos 450.000 + 150.000 + 300.000, temos a quantidade de pessoas que lêem algum jornal, independente se lêem os dois ao mesmo tempo. Diminuindo, agora, do total de habitantes, temos o total dos que não lêem nenhum jornal, isto é, 1.500.000 - 900.000 = 6000.000 habitantes. Letra a.

22. Pelos dados do problema, podemos montar os seguintes diagramas:

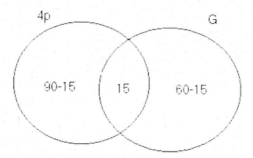

Se somarmos 75 + 15 + 45. Temos a quantidade de carros de 4 portas e com motor a gasolina (135), não simultaneamente. Dos 300 veículos sobrarão, então, 165 que não possuem nenhum dos requisitos, isto é, 300 - 135 = 165, o que representa em porcentagem X = $\dfrac{165.100\%}{300}$ = 55%. Letra b.

Exercícios da ANPAD | 179

23. A média entre os quatro valores será $\dfrac{3x+x+5+2-3x+25-x}{4}=8$. Letra c.

24. Neste caso, para uma condicional (Se A à B), a sua negação é equivalente a Se não B à não A. Letra e.

25. Se prestarmos atenção à seqüência acima, vemos que 18 é o resultado10 somado com o dobro de 4, 28 é resultado de 18 somado com o dobro de 5, de forma que o próximo número seria igual a 28 somado com o dobro de 6, ou seja, 40. Letra d.

26. Letra e.

27. Letra a.

28. Letra c.

Exercícios de Aprofundamento

Os Exercícios de Aprofundamento propostos tem o intuito de permitir ao aluno utilizar todos os conteúdos estudados nos capítulos deste livro de maneira conjunta. São exercícios que buscam aplicações práticas dos temas aqui estudados. Cabe ao aluno desenvolver a capacidade de identificação de quando aplicar uma ou outra teoria já estudada. Bom trabalho!!!

1. São investidos P reais a uma taxa anual i de juros simples. Após t anos, o montante na conta é dado por

   $M = P + Pit$

   Onde a taxa de juros é expressa em forma decimal. Para que um investimento de R\$1.000,00, aplicado a taxa de 1,5%a.m., ultrapasse R\$1.250,00, aplicado a uma taxa de 1%a.m., qual deve ser o tempo de aplicação?

   Resposta:

   100 meses

2. O número de unidades vendidas numa loja é dado por $v(t) = t^2 + 1$, onde t indica o número de horas trabalhadas. Já o lucro é dado por $L(v) = 2v - 1$, sendo o número de unidades vendidas. Calcule:

   a) $v(1)$

   b) $L(1)$

   c) $L(v(2))$

182 | *Noções de Lógica e Matemática Básica*

d) O número de unidades vendidas em 5 horas e o lucro obtido.

e) O lucro em função direta do tempo trabalhado, ou seja, L(v(t))

Resposta:

a) V(1) = 2

b) L(1) = 1

c) L(V(t)) = 9

d) V(5) = 26, l = 51

e) $L(V(t)) = 2t^2 + 1$

3. O custo de produção de p unidades de um produto é dado por $C(p) = p^2 + 2p$ reais, e o número de unidades produzidas, em função do tempo t, é dado por p(t) = 2t + 1, onde t é dado em horas. Determine:

a) O número de unidades produzidas em 5 horas e o seu custo.

b) A função custo de produção como função do tempo, ou seja, c(p(t)).

c) O custo da produção na 5ª hora.

Resposta:

a) P(5) = 11 e C)11) = 143

b) $C(P(t)) = 4t^2 + 4t + 3$

c) C = 123

4. Seja a oferta de mercado de uma utilidade dada por S = – 30 + 2P, com P ≤ R$100,00:

a) A partir de que preço haverá oferta?

b) Qual o valor da oferta se p = R$ 27,00?

c) A que preço a oferta será de 80 unidades?

d) A partir de que preço a oferta será maior que 50 unidades?

e) A partir de que preço a oferta será menor que 150 unidades?

f) Para que preços a oferta ficará entre 20 e 70 unidades?

Exercícios de Aprofundamento | **183**

Resposta:

a) R$ 15,00

b) 24

c) R$ 55,00

d) $40 < p \leq 100$

e) $15 < p < 90$

f) $25 < p < 50$

5. Um feirante vende a dúzia de ovos por R$2,95. Além do custo fixo (aluguel, tarifas públicas e seguro) de R$150,00 por dia, a matéria–prima (as caixas de ovos) e a mão-de-obra custam R$1,45 para cada dúzia de ovos. Se o lucro varia entre R$50,00 e R$200,00, entre que níveis de produção (em dúzias) variam as vendas diárias?

Resposta:

$134 < x < 234$

6. A receita da venda de x unidades é 100x, e o seu custo é $C = 90x + 750$. Para que haja lucro, a receita de vendas deve ser maior do que o custo. Para que valores de x este produto dará lucro?

Resposta:

$X > 75$

7. Uma grande rede de transportes tem uma frota de ônibus cujo custo operacional anual unitário é

$C = 0,32m + 2.500,$

Onde m é o número de milhas percorridas por um ônibus em um ano. Que número de milhas proporcionará um custo operacional anual, por ônibus, inferior a R$10.000,00?

Resposta:

$m < 25.000$

8. Determine o preço e a quantidade de equilíbrio nos seguintes casos:

a) $D = 34 - 5P$, $S = -8 + 2P$

184 | *Noções de Lógica e Matemática Básica*

b) $D = 10 - 0,2P$, $S = -11 + (1/2)P$

c) $D = 32 - P^2$, $S = P^2 - 18$

d) $D = 56 - P^2$, $S = P^2 - 16$

Resposta:

a) $P = R\$ 6,00$ e $q = 4$

b) $P = R\$ 30,00$ e $q = 4$

c) $P = R\$ 5,00$ e $q = 7$

d) $P = R\$ 6,00$ e $q = 20$

9. Um agricultor compra R$ 20.000,00 em máquinas, que se depreciam linearmente de tal forma que seu valor de troca após 10 anos é de R$ 5.000,00.

a) Expresse o valor das máquinas em função do seu tempo de uso e trace o gráfico.

b) Calcule o valor das máquinas após 4 anos.

Resposta:

a) $f(t) = 20000 - 1500t$, onde t é expresso em anos

b) R$ 14.000,00

10. Uma região quadrada deve ter uma área de, no mínimo, 1.000 metros quadrados. Qual deve ser o comprimento do lado de tal região?

Resposta:

100 metros

11. Além do custo administrativo fixo, diário, de 1.000 reais, o custo de produção de x unidades de certo item é de R$2,50 por unidade. Durante o mês de abril, o custo total da produção variou entre o máximo de R$1.400,00 e o mínimo de R$1.100,00 por dia. Determine os níveis de produção máximo e mínimo durante o mês.

Resposta:

$40 < x < 160$

12. As alturas h de dois terços dos membros de certa população verificam a desigualdade

$$\left|\frac{h-68,5}{2,7}\right| \leq 1,$$

onde h é a medida em polegadas. Determine o intervalo da reta real em que essas alturas se situam.

Resposta:

65,8 ≤ h ≤ 71,2

13. Suponha que a população de um determinado município, daqui a t anos, será de P(t) = 20 − 6/(t + 1) milhares de habitantes.

a) Daqui a 9 anos, qual será a população da comunidade?

b) De quanto a população crescerá durante o 9° ano?

c) A medida em que o tempo vai passando, o que acontecerá à população? Ela ultrapassará os 20.000 habitantes?

Resposta:

a) 19.400 habitantes

b) 67 habitantes

c) A população crescerá a cada ano, mas nunca ultrapassará aos 20.000 habitantes.

14. Suponha que o número necessário de homens-hora para entregar cartas entre x porcento dos moradores de uma certa região seja dado pela função f(x) = 600x/ (300 − x) .

a) Qual o domínio da função f?

b) Para que valores de x, no contexto do problema, f(x) tem interpretação prática?

c) Quantos homens-hora são necessários para distribuir cartas entre os primeiros 50% dos moradores?

d) Quantos homens-hora são necessários para distribuir cartas na comunidade inteira?

e) Que porcentagem dos moradores da comunidade recebeu cartas, quando o número de homens-hora foi 150?

186 | *Noções de Lógica e Matemática Básica*

Resposta:

a) $D = \{x \in \Re \ / \ x \neq 300\}$ d) 300 homens-hora

b) $0 \leq x \leq 100$ e) 60% da população

c) 120 homens-hora

15. Para testar se uma moeda é honesta, um pesquisador lança-a 100 vezes e anota o número de coroas. A teoria estatística afirma que a moeda deve ser considerada não-honesta se

$$\left|\frac{x-50}{5}\right| \geq 1,645 .$$

Determine para que valores de x isto ocorrerá.

Resposta:

$41,775 \leq x \leq 58,222$

16. A produção diária estimada x de uma refinaria é dada por $|x - 250.000| \leq 150.000$, onde x é medida em barris de petróleo. Determine os níveis máximo e mínimo de produção.

Resposta:

$100.000 \leq x \leq 400.000$

17. Para as letras a e b, um certificado de depósito tem um principal P e uma taxa anual percentual i composta n vezes por ano. Use a fórmula de juro composto

$$M = P(1+i)^n$$

para achar o saldo após N composições.

a) P = R\$15.000, i = 10% a.a., n = 12 anos

b) P = R\$10.000, i = 9% a.a., n = 1 ano

Resposta:

a) 47.076,42

b) 10.900

18. O custo médio mínimo de produção de x unidades de certo produto ocorre quando o nível de produção é fixado na solução positiva de $0,00035x^2 - 1.350 =$

Exercícios de Aprofundamento | **187**

0. Determine este nível de produção.

Resposta:

1.963,96

19. Um pintor de quadros tem um gasto fixo de R$600,00 e, em material, gasta R$25,00 por unidade produzida. Se cada unidade for vendida por R$175,00:

a) Construa as funções receita e custo e lucro total.

b) Quantas unidades o pintor precisa vender para atingir o ponto de nivelamento?

c) Quantas unidades o pintor precisa vender para obter um lucro de R$450,00?

Resposta:

a) R = 175q   C = 600 + 25q   L = 150q − 600

b) 4   c) 7

20. Foi verificado pelo Ministério da Saúde constataram que o custo para vacinar x porcento da população infantil era de, aproximadamente, $f(x) = 150x/(200 - x)$ milhões de reais.

a) Qual o domínio da função f?

b) Para que valores de x, no contexto do problema, f(x) tem interpretação prática?

c) Qual foi o custo para vacinar os primeiros 50% das crianças?

d) Qual foi o custo para que os 50% restantes fossem vacinados?

e) Que porcentagem foi vacinada, ao terem sido gastos 37,5 milhões de reais?

Resposta:

a) $D = \{ x \in \Re / x \neq 200\}$ d) 100 milhões de reais

b) $0 \leq x \leq 100$ e) 40% da população infantil

c) 50 milhões de reais

21. O lucro L nas vendas é dado por: $L = -215x^2 + 2.100x - 3.500$, onde x é o número de unidade vendidas por dia (em centenas). Determine o intervalo para x tal que o lucro seja maior do que 1.500.

188 | *Noções de Lógica e Matemática Básica*

Resposta:

$4,1138 < x < 5,653$

22. Um varejista determinou que o custo C de aquisição e armazenagem de x unidades de um determinado produto é

$$C = 7x + \frac{800.000}{x}.$$

a) Escreva o custo como uma única fração.

b) Determine o custo de aquisição e armazenagem de x = 250 unidades desse produto.

Resposta:

a) $C = \dfrac{7x^2 + 800.000x}{x}$

b) 801.750

23. Uma fábrica de sacolas fabrica um produto ao custo de R$0,65 por unidade e vende-o a R$1,50 por unidade. O investimento inicial para fabricar o produto foi de R$11.000,00. Quantas unidades a empresa precisa vender para atingir o ponto de equilíbrio?

Resposta:

12.941,17

24. Suponha a abertura de um negócio com investimento inicial de R$5.500,00. O custo unitário do produto é R$12,00, e o preço de venda é R$20,00.

a) Determine as equações do custo total C e da receita total R para x unidades.

b) Determine o ponto de equilíbrio, achando o ponto de intersecção das equações de custo e de receita.

c) Quantas unidades proporcionarão um lucro de R$150,00?

Resposta:

a) C = 12x + 5.500 e R = 20x

b) 687,5

c) 706,25

Exercícios de Aprofundamento | 189

25. Certa marca de carro custa R$15.000,00 a gasolina e R$15.500,00 com motor a diesel. Os números de milhas por galão de combustível para carros com esses dois motores 22 e 31, respectivamente. Suponha que o preço de cada tipo de combustível seja de R$1,4 por litro.

   a) Mostre que o custo de um carro de gasolina, ao percorrer x milhas, é
   $$C_{gas} = 15.000 + \frac{1,4x}{22}$$
   e que o custo de um carro a diesel, ao percorrer x milhas, é
   $$C_{dies} = 15.500 + \frac{1,4x}{31}$$

   b) Determine o ponto de equilíbrio, ou seja, a milhagem à qual o carro a diesel se torna mais econômico do que o carro a gasolina.

   Resposta:

   b) 27.063,49

26. Para os custos abaixo, determine a venda necessária para equilibrar as equações dadas de custo e receita (sempre que necessário, arredonde a resposta para o inteiro mais próximo).

   a) C = 0,85x + 35.000, R = 1,55x

   b) C = 7x + 510.000, R = 35x

   c) C = 8550x + 260.000, R = 10.000x

   d) C = 6,5x + 9950, R = 3,3x

   Resposta:

   a) 50.000

   b) 18.214,28

   c) 179,31

   d) −3.109,37

27. Seja a oferta de mercado de um produto dada por S = − 200 + 2p, com p d•R$ 270,00:

   a) A partir de que preço haverá oferta?

   b) Qual o valor da oferta se p = R$ 270,00?

   c) A que preço a oferta será de 180 unidades?

190 | *Noções de Lógica e Matemática Básica*

d) A que preços a oferta será maior que 150 unidades?

e) A que preços a oferta será menor que 250 unidades?

f) Para que preços a oferta ficará entre 200 e 300 unidades?

Resposta:

a) R$ 100,00

b) 340

c) R$ 190,00

d) $175 < p \leq 270$

e) $100 < p < 225$

f) $200 < p < 250$

28. Considere a oferta dada pela função $S = P^2 - 64$, com $p \leq 20$.

a) A partir de que preço haverá oferta?

b) Qual o valor da oferta para p = R$ 20,00?

c) A que preço a oferta será de 297 unidades?

d) A que preço a oferta será de 57 unidades?

Resposta:

a) R$ 8,00

b) 336

c) R$ 19,00

d) R$ 11,00

29. O fluxo de caixa por ação de uma determinada empresa foi de R$2,4 em 2003 e R$2,8 em 2004. Utilizando apenas esta informação, estabeleça uma equação linear que represente o fluxo de caixa por ação em função do ano.

Resposta:

$y = 2,5x + 247$

30. Uma empresa adquiriu uma máquina por R$15.000,00, a qual tem vida útil de 10 anos. Ao fim destes 10 anos, o seu valor é R$2.500,00. Estabeleça uma equação linear que descreva o valor não-depreciado da máquina a cada ano.

Resposta:

$y = -0,0008x + 12$

31. Em uma reunião de negociação por aumentos salariais, o sindicato pleiteia um piso de R$8,80 por hora mais um adicional de R$0,85 por unidade fabricada. A indústria oferece um piso de R$6,45 por hora mais um adicional de R$1,25 por unidade fabricada.

Exercícios de Aprofundamento | 191

a) Estabeleça uma equação linear para os salários horários S em termos de x, número de unidades produzidas, para cada esquema de remuneração.

b) Determine o ponto de interseção destes dois modelos.

c) Interprete o resultado do ponto de intersecção das equações. Como você utilizaria este dado para orientar a indústria e o sindicato?

Resposta:

a) $S_F = 8,80t + 0,85x$ e $S_I = 6,45t + 1,25x$

b) 1 hora e aproximadamente 6 unidades.

c) Se produzir mais do que 6 unidades por hora, aceitar a oferta da indústria. Se produzir menos do que 6 unidades por hora, aceitar a proposta do sindicato.

32. Um encanador cobra uma taxa de R\$31,00 e mais R\$2,60 a cada meia hora de trabalho. Um outro cobra R\$25,00 e mais R\$3,20 a cada meia hora. Ache um critério para decidir qual encanador contratar, se forem levadas em conta apenas considerações de ordem financeira.

Resposta:

Se o serviço durar 5 horas, tanto faz o primeiro ou o segundo. Se durar mais de 5 horas, o melhor é o segundo e se durar menos de 5 horas, o melhor é o primeiro bombeiro.

33. Suponha que a demanda de mercado de um produto seja dada por D = 45 – 5P unidades, onde P é o preço por unidade do bem.

a) Determine o intervalo de variação de P.

b) Determine o valor da demanda para p = R\$ 5,00.

c) A preço a demanda será de 30 pacotes?

d) A que preço a demanda será menor ou igual a 10 pacotes?

e) A que preço a demanda será maior ou igual a 35 pacotes?

f) Determine a função despesa do consumidor.

Resposta:

a) $0 < p < 9$

b) 20

c) R\$ 3,00

d) $7 < p < 9$

e) $0 < p \leq 2$

f) De $(p) = 45p - 5p 2$, $0 < p < 9$

192 | *Noções de Lógica e Matemática Básica*

34. Uma empresa constrói um galpão por R$900.000,00, o qual tem vida útil estimada de 25 anos, após o que seu valor estimado será de R$80.000,00. Estabeleça uma equação linear que dê o valor y do galpão durante os 25 anos de sua vida útil, representando por t o tempo em anos.

Resposta:

$$y = -0{,}00003t + 27{,}439$$

35. Uma pequena fábrica compra determinado equipamento por R$1.100,00. Após 5 anos, o equipamento estará superado, não tendo mais qualquer valor.

a) Escreva uma equação linear que represente o valor do equipamento em termos do tempo t, $0 \leq t \leq 5$.

b) Estime o valor do equipamento no terceiro ano.

c) Determine em quanto tempo o equipamento terá seu preço em R$500,00.

Resposta:

a) $x = -220 + 1100$

b) $x = 440$

c) $y = 2{,}72$ anos

36. Uma fábrica de roupas vende camisas oficiais da Seleção Brasileira de Futebol por R$70,00 cada. O custo total de produção consiste de uma sobretaxa de R$8.000,00 somada ao custo de produção de R$30,00 por camisa.

a) Construa as funções receita e custo e lucro total.

b) Quantas unidades o fabricante precisa vender para atingir o ponto de nivelamento?

c) Se forem vendidas 250 camisas, qual será o lucro ou prejuízo do fabricante?

d) Quantas unidades o fabricante precisa vender para obter um lucro de R$6.000,00.

Resposta:

a) $R = 70q \quad C = 8000 + 30q \quad L = 40q - 8000$

b) 200

Exercícios de Aprofundamento | **193**

c) lucro de R$ 2000,00

d) 350

37. Uma instituição iniciou um programa para arrecadação de fundos. Estima-se que serão necessárias f(x) = 10x/(150 − x) semanas para arrecadar x porcento do valor desejado.

a) Qual o domínio da função f?

b) Para que valores de x, no contexto do problema, f(x) tem interpretação prática?

c) Qual o tempo necessário para arrecadar 50% do valor desejado?

d) Qual o tempo necessário para arrecadar 100% do valor desejado?

Resposta:

a) $D = \{ x \in \Re \ / \ x \neq 150 \}$ c) 5 semanas

b) $0 \leq x < 150$ d) 20 semanas

38. Uma administradora de imóveis gerencia um complexo com 100 unidades. Quando o aluguel mensal é de R$350,00, todas as 100 unidades estão ocupadas. Quando o aluguel mensal é de R$425,00, contudo, o número de unidades ocupadas cai para 67. Admita que a relação entre o aluguel mensal p e a demanda x (número de unidades ocupadas) seja linear.

a) Estabeleça uma equação linear que expresse x em termos de p.

b) Estime o número de unidades ocupadas para um aluguel mensal de R$460,00.

Resposta:

a) $x = -0,44p + 254$

b) $x = 51,6$

39. Uma empresa adquiriu um equipamento por R$27.000,00. A manutenção e o combustível do equipamento custam, em média, R$6,00 por hora, e o operador recebe R$10,00 por hora.

a) Estabeleça uma equação linear que represente o custo total C de operação do equipamento em t horas.

b) O contratando cobra R$30,00 por hora de uso da máquina. Escreva uma equação que determine a receita R correspondente a t horas de uso.

194 | *Noções de Lógica e Matemática Básica*

c) Aplique a fórmula de lucro, L = R − C, para escrever uma equação do lucro em função das horas de uso da máquina.

d) Determine o número de horas durante os quais o equipamento deve funcionar para atingir o ponto de equilíbrio.

Resposta:

a) $C = 27.000 + 16t$

b) $R = 30t$

c) $L = 14t - 27.000$

d) $t = 1.928,57$

40. Um estudo sobre a eficiência de operários do turno da manhã de uma certa fábrica indica que um operário médio, que chega ao trabalho às 8 horas da manhã, monta, x horas depois de iniciado o expediente, $f(x) = -x^3 + 6x^2 + 15x$ rádios transistores.

a) Quantos rádios o operário terá montado às 10 horas da manhã?

b) Quantos rádios o operário terá montado entre 9 e 10 horas da manhã?

Resposta:

a) 46 rádios.

b) 26 rádios.

41. Suponha que as t horas do dia, a temperatura em uma certa cidade seja de $C(t) = -(2/12)t^2 + 4t + 10$ graus centígrados.

a) Qual era a temperatura às 14 horas?

b) De quanto à temperatura aumentou ou diminuiu, entre 18 e 21 horas?

Resposta:

a) $33,33°$ C.

b) diminuiu $7,5°$ C.

42. Para as funções custo dadas abaixo, determine o nível de produção x, sendo que o custo não pode exceder R$150.000,00.

Exercícios de Aprofundamento | **195**

a) C = 23.000 + 3.000x

b) C = 19.000 + 1.500x

c) C = 65.500 + 85x

d) C = 33.000 + 570x

e) C = 82.400 + 65x

Resposta:

a) 42,33

b) 87,33

c) 994,11

d) 205,26

e) 1.040

43. Um vendedor recebe um salário mensal de R$1.500,00 mais uma comissão de 3% sobre as vendas que realiza. Este recebe uma oferta de um novo emprego a R$2.100,00 por mês mais uma comissão de 5% sobre as vendas.

a) Determine uma equação linear para seu salário mensal S em termos de suas vendas mensais v.

b) Determine uma equação linear para seu salário mensal S do novo emprego oferecido em termos de suas vendas mensais v.

c) Se o vendedor conseguir vender R$25.000,00 por mês, ele deve mudar de emprego? Justifique sua resposta.

Resposta:

a) $S = 1.500 + 0,03v$.

b) $S_{novo} = 2.100 + 0,05v$.

c) Sim, pois seu salário será aumentado em R$1.100,00.

44. Expresse o valor V de uma imobiliária em termos de x, o número de acres de sua propriedade, sabendo-se que cada acre é avaliado em R$2.700,00 e os outros ativos da companhia totalizam R$950.000,00.

Resposta:

$V = 2.700x + 950.000$

196 | *Noções de Lógica e Matemática Básica*

45. Uma loja de brinquedos acredita que o custo variável da produção do jogo seja R\$1,00 por unidade. O custo fixo é de R\$5.000,00.

   a) Expresse o custo total C como função de x, o número de jogos vendidos.

   b) Estabeleça uma fórmula para o custo médio $\overline{C} = \dfrac{C}{x}$.

   Resposta:

   a) C = 5.000 + x

   b) $\overline{C} = \dfrac{5.000}{x} + 1$

46. Desde o começo do mês, um reservatório local está perdendo água a uma taxa constante. No décimo segundo dia do mês, o reservatório contém 200 milhões de litros de água e, no vigésimo primeiro dia, 164 milhões de litros.

   a) Expresse a quantidade de água no reservatório em função do tempo.

   b) Quanta água estava no reservatório no primeiro dia do mês?

   c) Quanta água estava no reservatório no vigésimo quinto dia do mês?

   Resposta:

   a) f(t) = 244 – 4t, onde t é expresso em dias.

   b) 244 milhões de litros.

   c) 148 milhões de litros.

47. Numa pizzaria, a pizza é servida por R\$10,00 e o preço da cerveja é de R\$1,80. Em outro, a pizza é servida por R\$12,00, mas a cerveja custa R\$1,40. Determine um critério para decidir qual restaurante você irá, se forem levadas em conta apenas considerações de ordem financeira e supondo que você peça apenas uma pizza.

   Resposta:

   Se tomar 5 cervejas, tanto faz o primeiro ou o segundo. Se tomar mais de 5 cervejas, o melhor é o segundo e se tomar menos de 5 cervejas, o melhor é o primeiro restaurante.

Exercícios de Aprofundamento | 197

48. A função oferta para um produto dá o número de unidades x que o fabricante deseja fornecer a um dado preço unitário p. As funções de oferta e demanda para o mercado são:

$$p = \frac{2}{5}x + 4 \text{ à oferta}$$

$$p = -\frac{16}{25}x + 30 \text{ à demanda}$$

Determine o ponto de equilíbrio destas equações, ou seja, o ponto de intersecção.

Resposta:

x = 38,23 e p = 19,29

49. Uma companhia investe R$100.000,00 em equipamento para fabricar um novo produto. Cada unidade do produto custa R$13,50 e é vendida por R$18,50. Seja x o número de unidades produzidas e vendidas.

a) Escreva o custo total C como função de x.

b) Escreva a receita R como função de x.

c) Escreva o lucro L como função de x.

Resposta:

a) C = 100.000 + 13,5x

b) R = 18,50x

c) L = 5x − 100.000

50. Um grupo de amigos deseja montar uma escola de aulas particulares. Eles observaram que, teria um gasto fixo mensal de R$1.680,00 e, gastariam ainda R$ 24,00, em materiais e pagamento de professores, por aluno. Cada aluno deverá pagar R$40,00.

a) Quantos alunos o curso necessita ter para que não haja prejuízo?

b) Qual será o lucro ou prejuízo do curso, se obtiverem 70 alunos?

c) Quantos alunos o curso precisa ter para atingir um lucro de R$592,00?

Resposta:

a) 105   c) 142

b) Prejuízo de R$ 560,00.

198 | *Noções de Lógica e Matemática Básica*

51. Sabe-se que o custo total para se fabricar q unidades de um certo produto é dado pela seguinte função $C(q) = q^3 - 30q^2 + 400q + 500$

    a) Calcule o custo de fabricação de 20 unidades.

    b) Calcule o custo de fabricação da 20ª unidade.

    Resposta:

    a) R$ 4.500

    b) R$ 371,00

52. Uma locadora de carro aluga carro popular com as seguintes condições: uma taxa fixa de R$65,00 e mais R$0,50 por quilômetro rodado. Expresse o custo da locação em função dos quilômetros rodados.

    Resposta:

    $C = 65 + 0,50x$

53. Uma empresa tem um custo fixo de R$800,00 para produzir certo artigo e gasta em cada unidade produzida R$2,50. Sabe-se que o preço de venda do produto é de R$15,00.

    a) Expresse o lucro L em função da quantidade q produzida.

    b) Para que valores de q o lucro é positivo?

    c) Para que valores de q o lucro é negativo?

    d) Para que valores de q o lucro é nulo?

    Resposta:

    a) $L = 12,5q - 800$

    b) $q > 64$

    c) $q < 64$

    d) $q = 64$

54. Deseja-se construir uma caixa de forma cilíndrica de 1 m³ de volume. Nas laterais e no fundo será utilizado material que custa R$15,00 o m² e, na tampa, material que custa R$25,00 o m². Expresse o custo C em função do raio da base. (Área de um círculo de raio $r = pr^2$, comprimento da circunfe-

Exercícios de Aprofundamento | **199**

rência de raio r = 2pr e o volume do cilindro é o produto da área da base pela altura do cilindro).

Resposta:

$$A = 2\pi r^2 + \frac{2}{r^2}$$

55. Uma empresa produz determinado produto e vende-o a um preço unitário de R$200,00. Estima-se que o custo total para produzir q unidades é dado por C_T = $q^3 - 3q^2 + 4q + 2$ e que a capacidade mensal máxima de produção é de 25 unidades.

a) Expresse o lucro em função da quantidade q produzida.

b) Determine q, como número inteiro, que torna máximo o lucro.

c) Determine o lucro máximo.

Resposta:

a) $L = -q^2 + 196q - 2$

b) $q = 98$

c) $L = 9.602$

56. A demanda de mercado de um certo produto, que é vendido em galões, é dada pela seguinte função D = 8000 – 100P.

a) Determine o intervalo de variação de P.

b) Calcule os valores da demanda correspondentes aos preços p = R$ 40,00, p = R$50,00 e p = R$ 75,00.

c) A que preço a demanda será de 4.500 galões?

d) A que preços a demanda será menor que 2.000 galões?

e) A que preços a demanda será maior que 5.000 galões?

f) A que preços a demanda ficará entre 5.500 e 6.500 galões?

g) Determine a função despesa do consumidor.

Resposta:

a) $0 < p < 80$

b) 4.000, 3.000 e 500 respectivamente.

c) R$ 35,00

200 | *Noções de Lógica e Matemática Básica*

    d) $60 < p < 80$

    e) $0 < p < 30$

    f) $15 < p < 25$

    g) De $(p) = 8000P - 100P^2$, $0 < p < 80$

57. A demanda de mercado de um certo produto é dada pela função $D = -P^2 - P + 56$.

    a) Determine o intervalo de variação de P.

    b) Qual o valor da demanda se o preço for R$ 6,00?

    c) A que preço a demanda será de 44 unidades?

Resposta:

    a) $0 < p < 7$

    b) 14

    c) R$ 3,00

58. Admita que o valor V de um carro desvaloriza a uma taxa de 10% ao ano. Suponha que o valor do carro 0 km seja R$20.000,00.

    a) Expresse V em função do tempo t (em anos).

    b) Dê uma estimativa para o tempo t que deverá decorrer para que o valor do carro seja de R$9.000,00.

Resposta:

    a) $V = 20.000 - 2.000t$

    b) $t = 5,5$

59. Uma empresa comprou uma máquina no valor de R$20.000,00. Sabe-se que o valor residual após 10 anos será de R$2.500,00. Usando o método da linha reta para depreciar a maquinaria, determine seu valor após 6 anos.

Resposta:

    9.500

60. As funções oferta e procura de um determinado produto são dadas, respectivamente, por $S = P^2 + 3P$. 70 e $D = 410 - P$.

    a) Para que preço de mercado a oferta será igual à demanda?

Exercícios de Aprofundamento | **201**

b) Quantos produtos serão vendidos por este preço?

c) Se o preço for de R$25,00 haverá excesso ou escassez do produto? De quanto?

Resposta:

a) R$ 20,00

b) 390

c) Excesso de 245 produtos.

61. Suponha que a demanda de mercado de um produto seja dada por $D = 16 - P^2$, onde P é o preço por unidade:

a) Determine o intervalo de variação de P.

b) Determine o valor da demanda para P = R$ 2,00

Resposta:

a) $0 < p < 4$

b) 12

62. O fabricante de determinada mercadoria tem um custo total consistindo de despesas gerais semanais de R$3.500,00 e um custo de produção de R$30,00 por unidade.

a) Se x unidades forem produzidas por semana e y é o custo total da semana, escreva uma equação relacionando x e y.

b) Faça um esboço do gráfico da equação obtida em (a).

Resposta:

a) $y = 3.500 + 30x$

63. O custo total para fabricar um determinado produto é de R$25,00 por unidade mais uma despesa diária fixa.

a) Se o custo total para produzir 250 unidades em 1 dia é de R$5000,00, determine a despesa diária fixa;

202 | *Noções de Lógica e Matemática Básica*

b) Se x unidades são produzidas diariamente e se y é o custo total diário, escreva uma equação relacionando x e y;

c) Faça um esboço do gráfico da equação obtida em (b).

Resposta:

a) $C_F = 3.750$

b) $C_T = 25x + 3.750$

64. Uma companhia vende 25.000 unidades de uma mercadoria quando o preço unitário é de R$15,00. A companhia determinou que pode vender 2.500 unidades a mais com uma redução de R$2,00 no preço unitário. Ache a equação de demanda, supondo-a linear, e trace um esboço do gráfico da curva demanda.

Resposta:

$x = 1.250p + 43.750$

65. Uma companhia que vende equipamentos de escritório consegue vender 1.000 mesas quando o preço é R$250,00. Além disso, sabe-se que a cada redução de R$25,00 no preço a companhia pode vender mais 100 mesas. Supondo linear a equação demanda, encontre-a e faça um esboço da sua curva.

Resposta:

$x = -2p + 2.000$

66. Quando o preço de uma calça jeans é de R$60,00, há 10.000 unidades disponíveis no mercado. Para cada R$12,00 de aumento no preço, 6.000 calças a mais estão disponíveis no mercado. Supondo linear a equação oferta, encontre-a e trace um esboço da curva de oferta.

Resposta:

$x = 500p - 20.000$

67. Um produtor oferta 600 unidades de uma mercadoria quando o preço unitário é de R$25,00. Para cada aumento de R$1,50 no preço, 50 unidades a mais são ofertadas. Supondo linear a equação oferta, encontre-a e trace um esboço da sua curva.

Resposta:

$x = 33.33p - 233,33$

Exercícios de Aprofundamento | **203**

68. Uma agência de aluguel de carros cobra uma diária de R$ 25,00 mais R$ 0,30 por quilômetro rodado.

   a) Expresse o custo de alugar um carro dessa agência por um dia em função do número de quilômetros dirigidos e construa o gráfico.

   b) Quanto custa alugar um carro para uma viagem de 200 km de um dia?

   c) Quantos quilômetros foram percorridos se o custo do aluguel diário foi de R$ 45,20 centavos?

Resposta:

   a) $C = 25 + 0,30x$

   b) R$ 85,00

   c) 67,3 km $y = (x - 300)/4 \ \{300,1000\}$

69. Quando o preço de um certo produto for de P reais, um lojista espera oferecer $S = 4P + 300$ produtos, enquanto a demanda local é de $D = 2P + 480$.

   a) Para que preço de mercado a oferta será igual à demanda local?

   b) Quantos produtos serão vendidos por este preço?

   c) Se o preço for de R$ 20,00, haverá excesso ou escassez do produto? De quanto?

Resposta:

   a) R$ 30,00

   b) 420

   c) Escassez de 60 produtos.

70. A equação demanda para um determinado produto é $p^2+2p+2x-24=0$.

   a) Faça um esboço da curva demanda;

   b) Ache o preço mais alto que qualquer pessoa pagaria pelo produto;

   c) Determine a demanda se o produto fosse grátis.

Resposta:

   b) 1

   c) 12

204 | *Noções de Lógica e Matemática Básica*

71. Um equipamento foi comprado por R$25.000,00 e se espera que seu preço após 15 anos de uso seja R$2.000,00. Considerando uma depreciação linear para o equipamento, qual o valor após 5 anos de uso?

Resposta:

17.333,33

72. O custo de fabricação de um determinado produto é R$15,00 por unidade, e o custo total para se produzir 500 unidades em um dia é R$6.000,00.

a) Determine as despesas gerais fixas por dia;

b) Se x unidades são produzidas por dia e y é o custo total diário, escreva uma equação envolvendo x e y;

c) Faça um esboço do gráfico da equação obtida em (b).

Resposta:

a) $C_F = 500$

b) $y = 15x + 500$

Referências Bibliográficas

ANDERSON, D. R. Estatística aplicada à Administração e à Economia. 2. ed. São Paulo: Pioneira, 2002.

BERENSON, M. L. Basic Business Statistics: concepts and applications. 6. ed. Prentice Hall, 1996.

CUNHA, Félix, et. al. Matemática Aplicada. São Paulo: Atlas, 1990.

GITMAN, L. J. Princípios de Administração Financeira, &ª Edição. Editora Harbra, 1997.

GUIDORIZI, H. L. Matemática para administração. Rio de Janeiro: LTC, 2002.

GUIDORIZI, H. L. Um Curso de Cálculo. Vol. 1, 5ª Edição. Rio de Janeiro: LTC, 2001.

HOFFMANN, L. D. E BRADLEY, G. L. Cálculo, Um curso moderno e suas aplicações. 6ª. Edição. Rio de Janeiro: LTC, 1999.

LARSON, Roland E. HOSTETLER, Robert P.EDWARDS, Bruce H. Cálculo com aplicações. 4. ed. Rio de Janeiro: LTC, 1990.

LEITHOLD, L. Matemática aplicada à Economia e Administração. São Paulo: Harbra, 1988.

MANUAL DE ECONOMIA, Equipe de Professores da USP, 3ª Edição. Editora Saraiva, 1998.

Noções de Lógica e Matemática Básica

MARTINS, Fonseca. Curso de Estatística. 2. ed. São Paulo: Atlas, 2003.

MC GRANE, A.; SMAILES, J. Estatística aplicada a administração com Excel. São Paulo: Atlas, 2002.

MEDEIROS, S. S. et al. Matemática: para os cursos de Economia, Administração e Ciências Contábeis. 5. ed. São Paulo: Atlas, 1999.

MEDEIROS DA SILVA, Ermes Et Alli. Estatística para os cursos de economia, administração e ciências contábeis. São Paulo: Atlas, 1995.

MORETTIN, L. G. Estatística básica. 7. ed. São Paulo: Makron Books, 1999.

NORUSIS, M. J. SPSS for Windows: Base System User's Guide, release 6.0.. SPSS Inc., 1993.

ROSS, S. A. e outros. Administração Financeira, Corporate Finance. Editora Atlas, 1995.

SILVA, H. M. Estatística 1. 2. ed. São Paulo: Atlas, 1996.

SIMONSEN, M. H. Teoria Microeconômica, Vols. 1 a 4. Fundação Getúlio Vargas, 1969.

SINCICH, T. Business Statistics by Example. Quinta edição, Prentice Hall, 1995.

SLACK, N. e outros. Administração da Produção. Editora Atlas, 1997.

STEVENSON, W. J. Estatística aplicada à Administração. 6. ed. São Paulo: Harbra, 2001.

TOLEDO, Geraldo L; OVALLE, Ivo Izidoro. Estatística Básica. São Paulo: Atlas, 1985.

TRIOLA, M. F. Introdução à estatística. 7. ed. Rio de Janeiro: LTC, 1999.

VASCONCELLOS, M. A, E. E GARCIA, M. E. Fundamentos de Economia. Editora Saraiva, 2000.

YAMANE, T. Matemática para Economistas. Editora Atlas, 1970.

WEBER, J. E. Matemática para economia e administração. São Paulo: Harbra, 1977.

Impressão e acabamento
Gráfica da Editora Ciência Moderna Ltda.
Tel: (21) 2201-6662